主 编 / 乔卫亮
副主编 / 周性坤 张 俊
主 审 / 陈海泉

海洋工程与技术概论

HAIYANG GONGCHENG YU
JISHU GAILUN

U0298692

大连海事大学出版社
DALIAN MARITIME UNIVERSITY PRESS

Ⓒ 乔卫亮　　2023

图书在版编目(CIP)数据

海洋工程与技术概论 / 乔卫亮主编. — 大连：大
连海事大学出版社，2023.12
ISBN 978-7-5632-4516-1

Ⅰ.①海… Ⅱ.①乔… Ⅲ.①海洋工程 Ⅳ.①P75

中国国家版本馆 CIP 数据核字(2023)第 252559 号

大连海事大学出版社出版

地址：大连市黄浦路523号 邮编：116026 电话：0411-84729665(营销部) 84729480(总编室)
http://press.dlmu.edu.cn E-mail：dmupress@ dlmu.edu.cn

大连金华光彩色印刷有限公司印装　　　　**大连海事大学出版社发行**

2023 年 12 月第 1 版　　　　　　　　　　2023 年 12 月第 1 次印刷
幅面尺寸：184 mm×260 mm　　　　　　　　印张：7.75
字数：188 千　　　　　　　　　　　　　　印数：1～500 册

出版人：刘明凯

责任编辑：任芳芳　　　　　　　　　　　　责任校对：刘宝龙
封面设计：解瑶瑶　　　　　　　　　　　　版式设计：解瑶瑶

ISBN 978-7-5632-4516-1　　　　定价：19.00 元

前　言

为了使轮机工程专业(海洋装备与技术管理方向)本科生全面了解和系统掌握海洋工程与技术领域的工程需求、技术难点以及该领域的国内外发展现状,结合学校特色与专业建设需求,依据"海洋工程与技术概论"教学大纲,大连海事大学轮机工程学院开设了"海洋工程与技术概论"专业限选课,并组织相关教师编写了本书。

本书分为3个模块,共6章内容。第一个模块为准备性内容,包括"绪论"与"海洋环境概述";第二个模块围绕海洋工程相关内容展开,包括"海洋能源利用装备"与"海洋空间利用及其装备";第三个模块主要论述相关典型海洋技术,包括"典型基础性与支撑性海洋技术"与"典型使能性海洋技术"。

本书由大连海事大学乔卫亮主编,陈海泉主审。乔卫亮负责全书的内容设计及统稿工作,并编写了第1、2、5、6章;周性坤、李文华负责第3、4章的编写;马来好和中国极地研究中心的周豪杰参与了第2章的编写;中国船级社广州分社的张俊和中国极地研究中心的陈晓东参与了第5、6章的编写;中远海运船员管理有限公司大连分公司的连传平提供了大量工程实践素材,并参与了第3、4章的编写。大连海事大学轮机工程学院的硕士研究生黄恩泽、郭泓彤阳、李岩在编绘图表、收集资料方面做了大量工作。

由于本书涉及内容广泛,加之编者水平有限,不足之处在所难免,希望广大读者不吝指正。

编　者
2023 年 10 月

目　录

第1章　绪论 ……………………………………………………………… 1

1.1　海洋工程与技术的基本概念 ………………………………………… 1

1.2　海洋工程与技术的特殊性 …………………………………………… 2

1.3　海洋工程与技术的发展历程与发展趋势 …………………………… 3

第2章　海洋环境概述 …………………………………………………… 5

2.1　海面环境 ……………………………………………………………… 5

2.2　海底环境 ……………………………………………………………… 20

2.3　海水的理化特性 ……………………………………………………… 21

第3章　海洋能源利用装备 ……………………………………………… 24

3.1　浮式海洋能源利用装备 ……………………………………………… 24

3.2　海洋清洁能源利用装备 ……………………………………………… 33

3.3　水下生产系统 ………………………………………………………… 41

第4章　海洋空间利用及其装备 ………………………………………… 47

4.1　海洋牧场 ……………………………………………………………… 47

4.2　长距离跨海桥梁隧道 ………………………………………………… 51

4.3　深海空间站 …………………………………………………………… 57

第5章　典型基础性与支撑性海洋技术 ………………………………… 62

5.1　水下声学技术 ………………………………………………………… 62

5.2　水下光学技术 ………………………………………………………… 69

5.3　海洋工程材料技术 …………………………………………………… 76

5.4　海洋通用技术 ………………………………………………………… 83

第6章　典型使能性海洋技术 …………………………………………… 89

6.1　潜水器技术 …………………………………………………………… 89

6.2　海洋观测技术 ………………………………………………………… 99

6.3　水下通信与导航技术 ………………………………………………… 107

6.4　深海采矿技术 ………………………………………………………… 112

参考文献 …………………………………………………………………… 117

第1章
绪论

1.1 海洋工程与技术的基本概念

1.1.1 海洋工程

在相关涉海产业实践与研究领域,海洋工程与海洋技术的区别与联系往往会被弱化,甚至被忽视。一般情况下,技术是对科学理解的应用,而工程是实践过程中对技术的应用。因此,技术的理论研究色彩更浓一些。技术活动来源于对科学的认识,是进行科学理论研究之后产出的成果;而工程更强调对技术的综合应用,与实物系统的生产、加工、制造密切相关。通常情况下,一项海洋工程需要若干海洋技术的支撑。

2007年出版的《海洋科技名词(第二版)》将海洋工程定义为"海洋工程是应用海洋学、其他有关基础科学和技术学科开发利用海洋所形成的综合技术学科,包括海岸工程、近海工程和深海工程"。为了充分体现工程与技术的区别,陈鹰在《海洋技术基础》中将海洋工程定义为"海洋工程是为了实现研究海洋自然现象及其变化规律、开发利用海洋资源、保护海洋环境以及维护国家海洋安全,使用各种技术(海洋技术)所形成的设备、系统、工程的总称"。

从国民经济发展的角度看,海洋工程涵盖了涉海领域的每个环节,尤其是海洋能源领域。在海洋工程发展初期,海洋工程甚至被认为近似等同于海洋油气工程。众所周知,海洋中蕴含巨量石油、天然气等能源资源,对海洋能源资源的开发利用仍然是未来相当长的一段时期内海洋开发利用的主战场。因此,"海洋能源利用及其装备"是本书重点介绍的内容。另外,在海洋油气工程兴起的同时,海洋空间利用及其装备也不断引发各海洋大国的关注,比如深水海洋牧场及人工岛礁的建设、长距离跨海桥梁隧道的建设以及水下空间站的建设等,这些内容也是本书重点介绍的内容。

1.1.2 海洋技术

海洋技术是在技术的基础上形成的一个科技名词。一般认为技术是解决问题的方法及原理,是对科学理解的应用。维基百科将海洋技术定义为"海洋技术是一种用于海洋安全、探索海洋、保护海洋和开发利用海洋的技术,涉及船舶与海洋结构、海洋工程、船舶设计与制造、油气勘探与开发等"。2007年出版的《海洋科技名词(第二版)》将海洋技术定义为"海洋技术是研究海洋自然现象及其变化规律、开发利用海洋资源和保护海洋环境所使用的各种方法、技能和设备的总称"。以上两种定义并未严格区分海洋工程与海洋技术。

为了更好地体现海洋技术与海洋工程的差异,本书认为海洋技术是研究海洋自然现象及其变化规律、开发利用海洋资源、保护海洋生态环境以及维护国家海洋安全与权益所涉及的各种技术的总和。也可以理解为海洋技术是认识海洋、开发海洋、保护海洋、维护海洋安全与海洋权益所需要的各种技术的总和。从技术本身的属性来看,技术具备基础性、支撑性与应用性三种属性,因此海洋技术也可以划分为以下三种:

(1)基础性海洋技术主要是指一些偏基础学科的技术,或者从基础学科衍生出的相关海洋技术,包括水下声学技术、水下光学技术、水下电磁技术等。

(2)支撑性海洋技术主要是指一些通用性较强的技术,比如海洋工程材料技术、海洋试验技术、海洋通用技术、海洋装备集成技术等。

(3)应用性海洋技术也称为使能性海洋技术,主要是指直接面向工程应用场景的相关海洋技术,直接支持海洋工程实践活动,比如深海采矿技术、潜水器技术、海洋探测技术、海洋观测技术与海洋遥感技术等。

整体而言,海洋技术是海洋工程的重要基础,海洋工程是海洋技术的综合应用。本书重点分析的对象是与海洋资源开发利用密切相关的海洋技术,尤其是与海洋油气资源开发利用、海洋空间利用相关的海洋技术,比如海洋工程材料技术、海洋通用技术、水下通信与导航技术、潜水器技术与海洋观测技术等。

1.2 海洋工程与技术的特殊性

海洋工程与技术与陆地、太空等领域中的相关工程与技术的最大不同在于外部环境条件。从整体来看,海洋工程与技术需要面对以下几个方面的问题:

(1)海水具有较强的腐蚀性,尤其是在海水与空气接触点附近,腐蚀性更为显著。因此,在开发海洋技术、实施海洋工程的过程中需要重点考虑防腐的问题。

(2)海水具有浸没性和压力。在进行水下作业时,对水下海洋技术装备的强度、结构、密封设计等,需要重点考虑海水压力带来的影响。

(3)海水与相关技术装备之间存在相互作用。这种相互作用主要体现为海洋技术装备与风、浪、流等海洋环境因素之间的相互作用。在极地海域,海洋浮冰与海洋技术装备之间的相互作用也需要重点关注。

(4)海水具有屏蔽性。海水的屏蔽性主要是指海水对光线、电磁波等的屏蔽作用,会对水下视觉成像、水下通信等造成较大困扰。在进行水下作业时,海水的屏蔽性会对技术装备的供电、通信、控制提出与进行陆地作业不同的使用要求。

(5)离岸作业的特殊性。离岸作业对涉及的海洋技术装备在整体设计、安装施工与日常维护方面均有较高的技术要求,需要予以充分考虑。

(6)不稳定、不可预知的复杂海上作业状况等。面对不稳定、不可预知的复杂海上作业状况,海洋技术装备一定要具备较高的可靠性与作业稳定性。

(7)海洋工程施工难度大,技术要求高。海洋工程施工作业过程中涉及的相关海洋技术不能等同于陆地相关技术在海洋中的简单延伸,而是一个新的技术体系。

1.3　海洋工程与技术的发展历程与发展趋势

1.3.1　海洋工程与技术的发展历程

1)早期的航海技术

早在新石器时代晚期,人类祖先就已经能运用原始的舟筏浮具和导航知识进行海上航行,这揭开了利用原始舟筏在海上航行的序幕。春秋战国时期,我国就开始参与航海活动,人们积累了一定的天文定向、地理定位、海洋气象等知识,初步掌握了近海远航相关的科学知识和一定的海洋技术。到秦汉时期,海船逐步大型化,人们也掌握了驶风技术,出现了秦代徐福船队东渡日本和西汉海船远航印度洋的壮举。

由于罗盘技术广泛地应用于航海,加上前人掌握的牵星术、地文、潮流、季风等航海知识以及造船技术的发展,特别是水密隔舱技术的发展,宋代以后的航海家可以长年在海上航行。同时,阿拉伯天文航海技术的传入也促进了我国航海技术的发展。这些早期的海洋技术支撑着航海事业的发展,值得一提的是,我国发明的指南针对世界航海史产生了巨大的影响。

2)机械化时代

工业革命之后,海洋工程与技术的发展开始进入机械化时代,尤其是蒸汽轮机的出现,对船舶制造业产生了较大影响,使得人类远洋航行活动变得频繁。

在人类探索、开发利用海洋的早期阶段,船舶作为一个重要的活动载体,在海洋工程与技术领域中扮演着不可或缺的重要角色。直到近代,随着海洋工程与技术的快速发展,船舶工程(技术)才脱离海洋工程与技术,成为一门相对独立的学科。因此,本书没有将船舶工程或船舶技术纳入海洋工程与技术范畴。但是需要注意的是,海洋工程与技术的发展离不开船舶的支持和载体作用。

3)自动化时代

经历了机械化时代的发展,在计算机网络技术、先进传感器技术的推动下,海洋工程与技术开始进入自动化时代。各种先进的自动化技术装备陆续在海洋领域投入应用,为人类进一步探索、开发、利用海洋奠定了重要的技术基础。

4)智能化时代

随着信息技术的发展,特别是计算机技术、人工智能技术的飞速发展,海洋工程与技术研究进入了智能化时代。海洋工程与技术智能化发展的重要标志之一是自主式潜水器的出现。除自主式潜水器之外,水下滑翔机、深水水下生产系统也是海洋工程与技术智能化发展的重要产物。

进入 21 世纪之后,物联网、大数据、移动互联、超大规模计算等技术的发展,为海洋工程与技术的智能化发展注入了新的活力。智能化技术及装备在海洋资源勘探、大型海洋工程装备运维、海洋观测、水下自主式无人装置、水下施工作业等领域的应用持续受到学界与工业界的高度关注，是未来海洋工程与技术领域重点发展方向之一。

1.3.2 海洋工程与技术的发展趋势

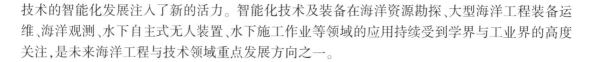 1) 应用场景向深远海水域拓展

从沿海、浅海走向深远海是海洋工程与技术发展的主要方向。人类早期对海洋资源的开发利用活动主要集中于水深相对较浅的沿海或近海水域，比如早期大多数海洋油气田主要集中于水深几十米或几百米的水域。随着海洋观测以及海洋勘探技术的发展，深远海水域中蕴含的大量海洋资源被探明，比如油气资源、矿产资源、可燃冰资源等，海洋工程与技术随之向深水发展。但是在发展的过程中面临一系列亟须解决的重大问题，比如水下通信问题、设备水密性能问题、水下装备的作业可靠性问题、关键元器件的耐压性能问题、深水浮力材料制备问题以及水下装备能量供给问题等。

2) 海洋工程与技术的发展呼应海洋资源开发需求

海洋资源开发需求是海洋工程与技术发展的重要驱动力。地球表面约71%是海洋，海洋中蕴含大量的海洋资源，对经济社会的发展具有重要价值和意义，进入21世纪以来，海洋更是受到了全社会的普遍关注。海洋油气资源给相关国家和地区的经济社会发展注入了强大动力，全球各海洋大国对海洋资源的充分重视，也从政策层面驱动了海洋工程与技术的快速发展。比如为了开发深远海水域的海洋油气资源，相关各方持续在人力、物力等领域进行投入，支持研发相关海洋工程装备与关键技术。除了海洋油气资源之外，深远海水产养殖、海底矿产、深水可燃冰等资源的开发利用，进一步推动了相关海洋工程与技术向纵深发展。

3) 海洋科学研究和海洋工程与技术发展的联系日益密切

科学地认识海洋对海洋工程与技术提出了更高的要求，也是驱动海洋工程与技术发展的重要动力之一。快速发展的海洋工程与技术在为科学地认识海洋提供重要载体和平台的同时也促使人们在海洋科学领域发现新的问题，这些新问题的解决又对海洋工程与技术的发展提出新的需求，从而使得海洋科学研究和海洋工程与技术发展良性循环。

4) 海洋技术装备智能化发展趋势明显

随着人工智能的发展，海洋工程装备与技术应用的智能化发展将是海洋工程与技术重要的发展方向。利用智能化技术，一方面，可以提升各种海洋工程技术装备的控制水平，使其作业效率与作业精准性得到很大提升；另一方面，可以提高水下海洋工程技术装备作业的可靠性，使其作业性能迈上一个新台阶。以水下机器人为例，早期大部分水下机器人仅局限于观测而无法"手动"作业，到后来可以在岸基人员的遥控下开展有限范围的"手动"作业活动，再到后来可以实现部分自主作业活动，在这个发展过程中，智能化技术发挥了关键作用。

第 2 章
海洋环境概述

2.1 海面环境

2.1.1 波浪

波浪,是指具有自由表面的液体的局部质点受到扰动后,离开原来的平衡位置而做周期性起伏运动,并向四周传播的现象。波浪在传播过程中,宏观表征为液体表面此起彼伏的波动。对波浪的运动规律及传播特性进行研究,对港口建设、海岸保护、海洋施工等均具有重要的应用价值,对经济社会的发展具有重要意义。在大多数情况下,海面并非风平浪静,处在海水中的各种海洋结构物,包括船舶,随时都会受到海浪的冲击作用。虽然狂风大浪并非常态,但是值得注意的是,当波浪频率与海洋结构物的固有频率相近时,会产生共振效果,导致海洋结构物遭受严重破坏。另外,即使是轻微波浪,长年累月地对海洋结构物进行冲击,也会产生"滴水穿石"的效果,对海洋结构物产生不利影响。根据周期或频率的不同,可以对海洋波浪进行类别划分,结果如图 2-1 所示。

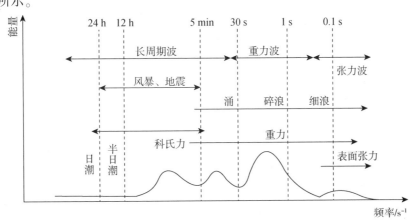

图 2-1　海洋波浪的分类

1)波浪的分类

(1)按照波浪成因的不同,可以对海洋波浪进行如下分类:在风的直接作用下,海面产生的波浪为风浪;海水在月球和太阳引力的作用下产生的波称为潮汐波;海洋中海水密度相差较大的水层处形成的波称为内波,也称为界面波;而海啸有气象海啸和地震海啸之分,分别是由气象原因和海底地震、火山爆发引起的海面巨大波动。

(2)根据波浪传播性质的不同,波浪可以分为前进波和驻波。前进波是以一定速度向外传播的波浪,有时候也称为立波;前进波在传播过程中波浪的剖面形状不变,宏观表征仅为波形的不断前进,而且浮在波面的物体不会随着波浪前进,仅在波浪经过时,随着波面做上下运动。两个波幅、波长、频率都相同的前进波沿着完全相反的方向前进,在两列波交互区域则会形成一个波形为停止状态的波浪,称为驻波,驻波的波幅随时间而发生变化。

(3)水深与波长的比值对于波浪研究而言是一个重要参数。根据该比值的大小,可以将波浪分为深水波和浅水波,或者称为短波和长波。具体而言,对于深水波,水深与波长的比值大于0.5,在波浪传播过程中水质点的轨迹为圆;对于浅水波,水深与波长的比值小于0.5,水质点的运动轨迹近似椭圆。在实际波浪场景中,浅水波在传播过程中底层的波浪很容易受到底部摩擦的影响,致使其波速低于上部水面波速,上下波速不均会导致波浪的波陡较大,直至波浪破碎,形成破碎波,这种现象在海滩处较为常见。

(4)根据相关波浪要素是否随时间的变化而变化,波浪可以分为规则波与不规则波。规则波有时也称为理想波浪,是对实际波浪的理想化描述,波浪要素不会随着时间的变化而变化;不规则波的典型代表是实际海面波浪,波浪要素随着时间的推移呈现随机变化的特点。

(5)根据海面上波浪线是否能够清晰辨认,波浪可以分为长峰波和短峰波。长峰波的波峰线在海面上几乎呈现为平行的长直线,例如涌浪;而短峰波的波峰线很难辨认,波峰、波谷交替出现,例如风浪。

2)波浪要素

波浪要素的定义主要基于试验室造波设备产生的规则波,相关波浪要素如图 2-2 所示,图中虚线表示静止水面。波浪要素主要包括:

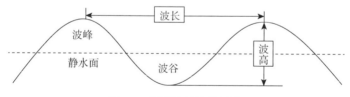

图 2-2 规则波的波浪要素

波峰——波面的最高点。

波谷——波面的最低点。

波高——相邻波峰与波谷间的垂直距离。

波长——相邻两个波峰或波谷间的水平距离。

波陡——波高与波长的比值。海上常见波的波陡为 1/30~1/10。波陡的倒数为波坦。

周期——通过一个波长所需的时间,或两相邻波峰(波谷)通过同一定点所需的时间。

波速——波形移动速度,即单位时间内波动传播的距离。波速=波长/周期。

波向线——波传播方向的线。

波峰线——与波向线正交,并通过波峰的线。

频率——在某一固定点单位时间内经过的波的个数。

波数——在 2π 的距离范围内包含的波的数量。

圆频率——在 2π s 内经过的波的个数。

3)波浪的表示

在海洋工程与技术领域,海面波浪并非规则波,一般由一系列规则波叠加而成,为了便于分析与计算,通常会利用以下几种代表性波高表征海面波浪情况。

平均波高($\overline{H}$)——所有波高的平均值,表示海面波高的平均状态,表示为:

$$\overline{H} = \frac{n_1 H_1 + n_2 H_2 + \cdots + n_i H_i}{n_1 + n_2 + \cdots + n_i} \tag{2-1}$$

式中:n 为波浪总个数;i 为波高依大小排列的序号。

均方根波高(H_s)——所有波高的均方根数值,即所有波高平方求和,求平均值后再开方。波浪能量与波高的平方成正比,因此,可用均方根波高表征波浪能量的大小,即:

$$H_s = \sqrt{\frac{1}{N}\sum_{i=1}^{N} H_i^2} \tag{2-2}$$

部分大波的平均波高——将所有波高由大到小排序,排在前面的一部分波高的平均值。具体取哪些波高,需要根据实际情况确定,比如取前 1/100、1/10 和 1/3 的波高,其平均波高分别用 $H_{1/100}$、$H_{1/10}$ 和 $H_{1/3}$ 表示。

$H_{1/3}$ 也称为有义波高,其计算公式为:

$$H_{1/3} = \frac{3}{N}\sum_{i=1}^{N/3} H_i \tag{2-3}$$

$H_{1/10}$ 的计算公式为:

$$H_{1/10} = \frac{10}{N}\sum_{i=1}^{N/10} H_i \tag{2-4}$$

$H_{1/100}$ 的计算公式为:

$$H_{1/100} = \frac{100}{N}\sum_{i=1}^{N/100} H_i \tag{2-5}$$

4)波浪的基本性质

(1)波长、周期与波速间的关系

根据小幅度波动理论,在水深不变的情况下,前进波的波速为:

$$C^2 = \frac{g\lambda}{2\pi}\tanh\frac{2\pi h}{\lambda} \tag{2-6}$$

式中:C 为波速;g 为重力加速度;λ 为波长;h 为水深;$\tanh(2\pi h/\lambda)$ 是双曲正切函数,其定义为:

$$\tanh(x) = \frac{e^x - e^{-x}}{e^x + e^{-x}} \tag{2-7}$$

需要注意的是,当 x 极大时,式(2-7)的数值近似等于 1;当 x 很小时,式(2-7)的数值近似等于 x。因此,当水深远大于波长时:

$$\tanh(2\pi h/\lambda) = 1 \tag{2-8}$$

将其代入式(2-6),可得:

$$C = \sqrt{\frac{g\lambda}{2\pi}}$$ (2-9)

式(2-9)即为小振幅深水波的波速计算公式。由此可以发现,波浪的传播速度仅与波长有关,与波高无关。

前进波的波长、周期、波速之间存在如下关系:

$$\lambda = CT$$ (2-10)

整理可得:

$$\lambda = \frac{gT^2}{2\pi}\tanh\frac{2\pi h}{\lambda}$$ (2-11)

对于深水波,式(2-11)可简化为:

$$\lambda = \frac{gT^2}{2\pi}$$ (2-12)

(2)水质点运动和波形的传播

在势流理论下,在水深不变的深水区域中,经过理论推导,可以发现小幅度前进波中水质点的运动轨迹为圆,轨迹方程为:

$$(x-x_0)^2 + (z-z_0)^2 = \left(\frac{H}{2} \times e^{kz_0}\right)^2$$ (2-13)

根据式(2-13),该轨迹圆的半径为$\frac{H}{2} \times e^{kz_0}$。在水面处,轨迹圆的半径则为$\frac{H}{2}$。随着水深的增大,水质点的轨迹圆半径将会迅速减小。

(3)波压强和波浪能量

在势流理论下,对于规则波而言,在深水情况下,通过理论推导,波压强为:

$$p = -rz + \frac{rH}{2}e^{kz}\cos(kx - \omega t)$$ (2-14)

在浅水情况下,波压强则为:

$$p = -rz + \frac{rH}{2}\frac{\mathrm{ch}k(z+h)}{\mathrm{ch}k(h)}e^{kz}\cos(kx - \omega t)$$ (2-15)

因此,可以计算得到在一个波长 λ 范围内单位宽度波浪的总动能为:

$$E_R = \frac{1}{4}\rho g a^2 \lambda = \frac{1}{16}\rho g H^2 \lambda$$ (2-16)

在一个波长 λ 范围内单位宽度波浪的总势能为:

$$E_P = \frac{1}{4}\rho g a^2 \lambda = \frac{1}{16}\rho g H^2 \lambda$$ (2-17)

总动能与总势能相加,即可得到在一个波长 λ 范围内单位宽度波浪的总能量为:

$$E = E_R + E_P = \frac{1}{8}\rho g H^2 \lambda$$ (2-18)

单位面积竖直水柱内的平均能量为:

$$E = \frac{1}{2}\rho g a^2 = \frac{1}{8}\rho g H^2$$ (2-19)

5）波浪谱

在海洋工程与技术研究和实践中,实际海面波浪可理解为由无数个简谐波叠加而成,它们的振幅、频率、初相位可能各不相等。为此,在海洋工程与技术领域引入波浪谱的概念对实际海面波浪进行描述。Longuet-Higgins 提出了海面上某一固定点的波面方程为:

$$\zeta(t) = \sum_{i=1}^{\infty} a_i \cos(\omega_i + \varepsilon_i) \tag{2-20}$$

式中:a_i 是第 i 个简谐波的振幅。第 i 个简谐波的初相位 ε_i 是随机变量,在 $0 \sim 2\pi$ 内均匀分布,其概率密度函数为:

$$f(\varepsilon) = \frac{1}{2\pi} \tag{2-21}$$

根据波浪能量计算公式(2-19),每个组成波单位面积竖直水柱(自由水面至水底)内的能量为:

$$E_i = \frac{1}{2} \rho g a_i^2 \tag{2-22}$$

式中:ρ 为水的密度;g 为重力加速度。因此,任意频率间隔$(\omega \sim \omega + \Delta\omega)$ 内的波浪能量为 $\dfrac{1}{2}\rho g \sum_{\omega}^{\omega+\Delta\omega} a_i^2$。由此可以发现,该能量正比于频率间隔 $\Delta\omega$,取:

$$S(\omega)\Delta\omega = \frac{1}{2} \sum_{\omega}^{\omega+\Delta\omega} a_i^2 \tag{2-23}$$

式中:$S(\omega)$ 为频率的函数表达式。将式(2-23)两端同时乘以 ρg、除以 $\Delta\omega$ 可得:

$$S(\omega) \cdot \rho g = \frac{1}{\Delta\omega} \sum_{\omega}^{\omega+\Delta\omega} \frac{1}{2}\rho g a_i^2 \tag{2-24}$$

根据式(2-24),函数 $S(\omega)$ 正比于频率间隔 $\Delta\omega$ 内各组成波的平均能量,可以用函数 $S(\omega)$ 表示波浪能量相对于组成波频率的分布。当 $\Delta\omega = 1$ 时,$S(\omega)$ 正比于单位频率间隔内的能量,即能量密度,$S(\omega)$ 称为波浪谱,由于波浪谱与波浪能量密切相关,又称为能量谱。

将波浪谱在所有波浪频率范围内积分,就可以计算得到波浪总能量,即:

$$E = \rho g \int_0^{\infty} S(\omega)\, d\omega \tag{2-25}$$

根据理论计算结果,以频率 ω 为横坐标,$S(\omega)$ 为纵坐标,可以得到波浪谱曲线,如图 2-3 所示。

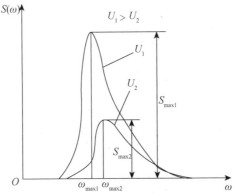

图 2-3　波浪谱曲线示意图

根据图 2-3,$S(\omega)$ 主要集中分布于中间某段波浪频率范围内,表明波浪能量一般集中于某些频率的组成波中。函数 $S(\omega)$ 取最大值 S_{max} 时,对应的频率称为波浪谱的峰频 ω_{max}。

根据式(2-25)可以发现,波浪谱曲线与横坐标所包围的面积正比于波浪总能量 E。随着风速 U 的增大,包围形成的总面积也会相应地增大,波浪总能量增大。根据实测数据可以发现,当风速增大时,波浪谱的显著部分向低频率方向推移,表明显著波的周期变长。

在有些情况下,波浪谱也可以表示成频率 f 的函数,即 $S(f)$。设波浪周期为 T,则:

$$f = 1/T \tag{2-26}$$

而圆频率 $\omega = 2\pi/T = 2\pi f$,因此可以得到 $\omega/f = 2\pi$。$\Delta\omega$ 对应 Δf,因此,可以得到:

$$S(f) = 2\pi S(\omega) \tag{2-27}$$

或

$$S(\omega) = \frac{S(f)}{2\pi} \tag{2-28}$$

目前在海洋工程与技术实践领域中,波浪谱中的基本参数一般都与风或者波浪相关,很难得到准确的解析表达式,一般都是根据观测数据得到的经验或半经验表达式:

$$S(\omega) = \frac{\phi}{\omega^{q1}} \exp\left[-\frac{\varphi}{\omega^{q2}} \right] \tag{2-29}$$

式中:ϕ、φ 表示与风要素或波浪要素相关的参量,根据实际观测获取;$q1$、$q2$ 为指数,$q1$ 的取值多为 $4\sim6$,$q2$ 常取 $2\sim4$。根据式(2-29),目前在海洋工程与技术领域中具有代表意义的波浪谱如下所示。

（1）Neumann 谱

Neumann 谱是最早提出的一种面向工程应用的代表性波浪谱,其表达式为:

$$S(\omega) = D\frac{\pi}{2}\frac{1}{\omega^6}\exp\left(-\frac{2g^2}{\omega^2 u^2} \right) \tag{2-30}$$

式中:u 为海面上 7.5 m 高度处的平均风速;D 为常数,一般取值为 3.05 m^2·s^{-5}。Neumann 谱主要聚焦于 1/10 大波平均波高,平均风速与大波平均波高的经验关系式为:

$$H_{1/10} = 0.9 \times 10^{-5} u^{5/2} \tag{2-31}$$

由此可见,Neumann 谱主要以风速参数为基础,适用于风浪充分成长的海域。Neumann 谱所依赖的海上观测数据相对粗糙,在早期海洋工程与技术实践中发挥了一定的作用,现在已经较少使用。

（2）Pierson-Moskowitz 谱

Pierson-Moskowitz 谱简称 P-M 谱,确定该波浪谱表达式的数据来源于 20 世纪 50—60 年代在北大西洋观测的几百段波浪资料,具体表达式为:

$$S(\omega) = \frac{0.78}{\omega^5}\exp\left(-\frac{1.225}{\overline{H}^2\omega^4} \right) = \frac{0.78}{\omega^5}\exp\left(-\frac{3.11}{H_s^2\omega^4} \right) \tag{2-32}$$

式中:H_s 表示有效波高 $H_{1/3}$。P-M 谱也是经验谱,区别于 Neumann 谱,P-M 谱依据的数据资料相对充分可靠,便于理论计算和工程应用,因此,在海洋工程与技术相关实践中逐渐取代了 Neumann 谱而得到了广泛应用。同样地,P-M 谱也适用于风浪充分成长的海域。

（3）Bretschneider –光易谱

Bretschneider –光易谱的波浪谱表达式为:

$$S(f) = 0.257H_s^2 T_s (T_s f)^{-5} \exp[-1.03(T_s f)^{-4}] \qquad (2\text{-}33)$$

式中：T_s 表示有效波周期，根据相关统计结果，发现 $T_s = 1.11\overline{T}$。Bretschneider－光易谱适用于风浪成长阶段，在工程上也有较为广泛的应用。

（4）JONSWAP 谱

JONSWAP 是英国、荷兰、美国和德国等国家的有关部门于 1968—1969 年进行的一项"联合北海波浪计划"。该计划利用多种观测仪器对北海海域的波浪进行了长期观测，得到波浪谱的经验公式：

$$S(\omega) = \frac{0.78}{\omega^5} \exp\left(-\frac{3.11}{H_s^2 \omega^4}\right) \cdot \gamma^{\exp\left[\frac{(\omega - \omega_{max})^2}{2\delta^2 \omega_{max}^2}\right]} \qquad (2\text{-}34)$$

式中：γ 表示谱峰升高因子，其取值范围为 1.5～6，一般取 3.3；ω_{max} 表示谱峰频率；δ 为峰形系数，其取值与 ω_{max} 有关：

$$\begin{cases} \delta = 0.07, \omega \leqslant \omega_{max} \\ \delta = 0.09, \omega > \omega_{max} \end{cases} \qquad (2\text{-}35)$$

通过比较式（2-32）与式（2-34），可以发现 JONSWAP 谱比 P-M 谱多了一项谱峰升高因子，因此，JONSWAP 谱在谱峰附近比 P-M 谱变得更尖突，说明波浪能量高度集中于谱峰频率附近。从数据资料来源看，JONSWAP 谱所依据的风浪资料最为全面和系统，因此，目前在海洋工程与技术领域应用最为广泛。

2.1.2　风与风系

1）风向与风速

风是相对于地球表面的空气流动，一般是指从高压区向低压区的流动。通常情况下，用风向与风速描述风的基本特征。风向指的是气流的来向，如果按 16 方位记录，如图 2-4 所示，以北向为起始方位，每隔 22.5° 确定一个风向。风速指的是空气在单位时间内流动的距离，以 m/s 为单位。在实际工程应用中通常使用蒲福风级表对风速进行分级，其共包括 13 级，如表 2-1 所示。大气中水平风速一般为 1～10 m/s，台风、龙卷风有时达到 100 m/s。在实际观测中，风速有瞬时值和平均值两种表现形式，在海洋工程与技术相关实践中，一般使用风速的平均值。

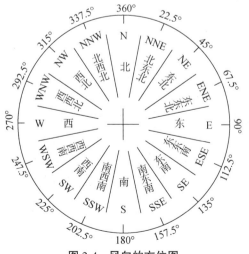

图 2-4　风向的方位图

表 2-1 蒲福风级表

风级	风名	风速/(m/s)	海面特征	平均浪高/m	海面状况
0	无风	0.0~0.2	海面风平如镜(无浪)	0.0	平如镜
1	软风	0.3~1.5	海面有波纹,但无白色波涛	0.1	微波
2	轻风	1.6~3.3	波纹虽小,但已可见,波峰透明如玻璃,但不碎	0.2	小波
3	微风	3.4~5.4	波较大,波峰开始分裂,泡沫有光,间有白色波浪	0.3	小波
4	和风	5.5~7.9	小浪波长较大,碎浪较多,有间断的呼啸声	1.0	轻浪
5	劲风	8.0~10.7	中浪,波浪相当大,白碎浪很多,呼啸声不断,有时有浪花溅起	2.0	中浪
6	强风	10.8~13.8	开始形成大浪,波浪白沫飞溅海面,呼啸声大作,可能有少许浪花溅起	3.0	大浪
7	疾风	13.9~17.1	海面犹如波浪堆成,碎浪很多,呼啸声不断,有时有浪花溅起	4.0	巨浪
8	大风	17.2~20.7	中高浪,波更长,随风吹起的纤维状泡沫更明显,呼啸声更大	5.5	狂浪
9	烈风	20.8~24.4	高浪,泡沫纤维状更浓密,海浪翻卷。泡沫将影响能见度	7.0	怒涛
10	狂风	24.5~28.4	大高浪,纤维状泡沫更浓密,呈片状,海浪颠簸犹如槌击,浪花飞起带白色。能见度受到影响	9.0	汹涛
11	暴风	28.5~32.6	特高浪,海上的中小型船有时可能被波浪折断,波峰边缘被风吹起,形成泡沫。能见度受到影响	11.0	无法想象
12	飓风	32.7~36.9	空气中充满泡沫和浪花,海面因浪花飞起而呈白色,能见度剧烈降低	14.0	—

🍀 2)风对海洋结构物的作用

风对海洋结构物的作用主要体现为风荷载。

(1)风荷载的计算

海洋结构物受到的风荷载 F 的计算公式为:

$$F = kk_z \beta P_0 A \qquad (2-36)$$

式中:k 为风荷载形状系数,其大小与海洋结构物的体型、尺度等有关,以钻井船为例,可通过表 2-2 查得相应的 k 值;k_z 表示海上风压高度变化系数,可通过查表 2-3 确定其数值;β 为风振系数(当海洋结构物的基本自振周期 $T \geq 0.5$ s 时,β 值见表 2-4。另外,对于少数重要的塔形结构,当 $T = 0.25$ s 时,β 应取 1.25;当 0.25 s$<T<0.5$ s 时,β 值应用内插法确定);P_0 为基本风压;A 为风的作用面积。

表 2-2　海洋结构物的风荷载形状系数 k 值表

形状/结构物	k
圆柱形	0.5
船身（水面式）	1.0
甲板室	1.0
孤立的形状结构（起重机、角钢、槽钢、梁）	1.5
甲板面以下（平滑表面）	1.0
甲板面以下（暴露的梁或桁架）	1.3
钻机的井架（迎风面）	1.25

表 2-3　海上风压高度变化系数 k_z 值表

海平面以上高度/m	k_z	海平面以上高度/m	k_z
≤2	0.64	50	1.43
5	0.84	60	1.49
10	1.00	70	1.54
15	1.10	80	1.58
20	1.18	90	1.62
30	1.29	100	1.64
40	1.37	150	1.79

表 2-4　风振系数 β 值表

海洋结构物的基本自振周期/s	0.5	1.0	1.5	2.0	3.5	5.0
β	1.45	1.55	1.62	1.65	1.70	1.75

（2）基本风压与设计风速

对于式(2-36)中的基本风压，我国《港口工程荷载规范》《海上固定平台入级与建造规范》建议采用下式计算：

$$P_0 = 0.613v^2 \tag{2-37}$$

式中：v 表示设计风速。

目前针对设计风速还未形成统一的标准。在海洋结构物设计领域中，对于设计风速，美国采用 100 年一遇的 0.5 min 或 1 min 平均最大风速值；英国采用 50 年一遇的 3 s 瞬时最大风速值；日本采用的风速标准大致相当于 50 年一遇的瞬时最大风速值。我国《建筑结构荷载规范》采用在比较空旷平坦的地区，离地面 10 m 高度处，30 年一遇的 10 min 平均最大风速作为设计风速；我国《港口工程荷载规范》采用在港口附近的空旷平坦地面，离地面 10 m 高度处，30 年一遇的 10 min 平均最大风速作为设计风速；我国《海上固定平台入级与建造规范》选取平均海平面以上 10 m 高度处，1 min 最大平均风速或 10 min 最大持续风速，其中前者用于单独构件基本风压的计算，后者用于结构总体基本风压的计算。

3）我国近海区域的主要风系

中国近海风场中的主要风系包括季风、寒潮大风、台风等。

（1）季风

季风的形成原理为:同一季节海洋与陆地温度上升或下降的程度有所不同,会形成冬季海洋比陆地暖、夏季海洋比陆地凉的现象;两者之间的热力差异,使近地面和近海面的气温和气压也不相同,季风因此而形成。一般而言,冬季季风从陆地吹向海洋,而夏季季风从海洋吹向陆地。从整体上看,我国的季风从 10 月起至次年 3 月为偏北风,6 月至 10 月则为偏南风,4—5 月与 8—9 月为季风的转换季节。我国冬季季风较强,大风天气较多,在黄海、渤海水域常见西北风与北风;在东海水域常见东北偏北风;在南海水域常见东北风与东北偏北风。我国夏季季风则由南向北吹送,6 月开始影响南海和东海,7 月可达黄海北部与渤海。

（2）寒潮大风

寒潮是由于巨大的高压冷气团南侵,造成温度剧烈下降,伴随着霜冻与大风的现象。在我国,寒潮大风主要出现于 9 月下旬至次年 4 月,尤其是 11 月至次年 2 月。寒潮大风一般会持续3~5 天,气温在一昼夜下降 10 ℃以上。寒潮主要源于北极,途经路线较稳定,经西伯利亚沿三条路线进入我国:路线一是从我国西北部进入,到达华中地区,然后向沿海区域前进,一直到达南海;路线二是从蒙古进入我国内蒙古地区,经华北向华东沿海前进,影响东海区域;路线三是经西伯利亚到达我国东北地区,然后南下,经渤海、黄海直达东海。寒潮过境时,经常出现强大的偏北风,即寒潮大风。

（3）台风

台风是一种热带气旋,指的是热带地区海洋上空的热带气旋在适当条件下猛烈发展而形成的急速旋转的低压旋涡。热带气旋常伴随着狂风、暴雨、巨浪和大潮。热带气旋的中心气压低于毗邻气压,其周围气流在北半球沿逆时针方向旋转,在南半球沿顺时针方向旋转。热带气旋一般分为三大类,分别是热带低压、热带风暴、台风与飓风。热带气旋的区域直径为 700~1 000 km,近中心的风速最大,并以此作为分类的标准。风级 7 级以下为热带低压;风级 8~11 级为热带风暴;风级 12 级以上为台风(飓风)。

2.1.3 海流

海流也称为洋流,是海水因热辐射、蒸发、降水、冷缩等而形成密度不同的水团,该水团在风应力、地转偏向力、引潮力等的作用下,发生的大规模相对稳定的海水流动。海流本身具有很大能量,会对海洋工程与技术相关实践带来较大影响。

🔹 1）近岸波浪流

波浪在从深海水域传播至近岸浅海水域的过程中,在海底摩擦、渗透及海水涡动等因素的影响下,会造成能量的损耗,从而引发波浪破碎,引起波浪能量的重新分布。近岸波浪流主要由三部分组成,分别是水体质量向岸输移、平行海岸的沿岸流以及流向外海的离岸流。

根据高阶斯托克斯波浪理论,海浪在从深海水域向海岸传播的过程中,水质点的运动轨迹并不封闭,在波浪传播方向上存在水体质量的输送,致使波浪在海岸处形成水体堆积,从而形成复杂的补偿流。离岸流是近岸波浪流中最显著的部分,它是一束集中于表面的、狭窄的水流,穿过波浪破碎区流向外海,流速一般超过 1 m/s;最狭窄处称为"颈"部,此处流速最大;离岸流的外端可能延伸至波浪破碎区以外 500 m 处,并产生扩散现象,称为"头"部,此处流速变小。沿岸流沿着岸线流动,平均流速可达 0.3 m/s,有时超过 1 m/s。离岸流靠沿岸流来维持,两者相互叠加后形成补偿流。沿岸流和离岸流的流动动力均来自向海岸传播的波浪。

2）漂流

漂流是风和海水表面相互摩擦而产生的海流,受到地球自转惯性力的影响,漂流的方向在北半球偏于风向的右方,在南半球偏于风向的左方。海水的摩擦使得表层海水运动的能量逐渐向深层传递。根据埃克曼提出的漂流理论,海水表面漂流的方向在北半球偏于风向右 45°,在南半球则偏于风向左 45°,这种偏转与风速、流速、纬度无关。表层漂流流速与风速的经验关系为:

$$V_0 = \frac{0.012\,7}{\sqrt{\sin\psi}}U \tag{2-38}$$

式中:U 表示风速;ψ 表示纬度;0.012 7 为风力系数。

漂流流速随着水深的增大将迅速减小,流向则随着水深的增大在北半球逐渐偏于风向的右侧。当海水无限深时,在深度 Z 处的漂流速度 V 的表达式为:

$$V = V_0 \exp\left[-\frac{\pi}{h_f}Z - i\left(\frac{\pi}{4} - \frac{\pi}{E}Z\right)\right] \tag{2-39}$$

式中:h_f 表示摩擦深度。在 $Z = h_f$ 处,漂流流速仅为表面漂流速度的 1/23,流向与表面流向相反。

摩擦深度 h_f 的计算公式为:

$$\begin{cases} h_f = \dfrac{7.6}{\sqrt{\sin\psi}}U \quad (U \geqslant 6\ \text{m/s}) \\[2mm] h_f = \dfrac{3.67}{\sqrt{\sin\psi}}U \quad (U < 6\ \text{m/s}) \end{cases} \tag{2-40}$$

在大西洋 h_f 为 150 m,在太平洋 h_f 为 200~300 m。这说明摩擦层仅占大洋水深很小的比例,由风引起的漂流只发生在海洋的上层。在风向、风速相同的情况下,不同水深的海水漂流形成的时间也不相同。

另外,埃克曼还研究了有限水深对漂流流向的影响,发现水深 h 越小,表面流向与风向之间的偏角 κ 越小。相对水深 h/h_f 与 κ 之间的关系如表 2-5 所示。

表 2-5　相对水深 h/h_f 与 κ 之间的关系

h/h_f	0.00	0.10	0.25	0.50	0.75	1.00	2.00	...	∞
κ	0°	3.7°	21.5°	45°	45.5°	45°	45°	45°	45°

通常以 $h/h_f = 2.00$ 作为划分有限深海与无限深海的界限。当 $h/h_f < 2.00$ 时,海水被称为有限深海或作为有限深海处理;反之,则作为无限深海处理。由于 h_f 的数值随风应力的大小而变化,所以,在 h 固定不变的情况下,h/h_f 的值也会随风应力的大小而变化。因此,可以发现,即使水深 h 不变,由于受到不同风应力的影响,该水域既可能作为有限深海处理,也可能作为无限深海处理。

3）潮流

潮流对应于潮汐,有半日潮流、日潮流、混合潮流。由于海底地形、海岸形状不同,潮流现象要比潮汐现象更加复杂。涨潮时,海水的流动称为涨潮流;落潮时,海水的流动称为落潮流。对于潮流而言,其流速和流向均具有周期性。根据流向的不同,潮流可分为旋转流和往复流。

旋转流是潮流的普遍形式,一般发生在外海和开阔海域。在地球自转和海底摩擦的影响下,潮流并不是单纯地往复流动,其流动方向不断发生变化。以测流点为原点,昼夜逐时观测并记录潮流矢量,将这些矢量随时间的变化绘制成矢量图,该矢量图称为潮流矢量图。往复流一般出现在近海岸狭窄的海峡、水道、港湾、河口以及多岛屿的海域,受地形限制,潮流主要在相反的两个方向变化,形成海水的往复流动。

受到海洋形态、深度、海底摩擦以及海水密度跃层等因素的影响,海洋中的潮流非常复杂,即使在同一海域,不同水层处潮流的流速和流向也各不相同。

4)海流对结构物的作用

当仅考虑海流的作用时,以圆形构件为例,其单位长度的海流荷载 f_D 的计算公式为:

$$f_D = \frac{1}{2} C_D \rho A V_C^2 \tag{2-41}$$

式中:C_D 为垂直于构件轴线的阻力系数;ρ 为海水密度;A 为单位长度构件垂直于海流方向的投影面积;V_C 为设计海流速度。阻力系数 C_D 由试验确定,如果试验资料不足,可取为 0.6~1.0。设计海流速度 V_C 应采用该圆形构件使用期间可能出现的最大流速,其值最好根据现场实测资料整理分析后确定。

另外,对于承受海流荷载的构件,还应考虑 Karman 涡流引起颤振的可能性。当海水沿垂直于圆形构件轴线常速流动时,在构件周围通常会出现 Karman 涡流。这些涡流产生的可变力交变频率与结构自振频率相同或接近时,将会产生共振现象。Karman 涡流产生的可变力交变频率 f 可按下式计算:

$$f = S_r \cdot \frac{V_C}{G} \tag{2-42}$$

式中:V_C 为垂直于构件轴线的设计海流速度;G 为构件直径;S_r 表示斯特劳哈尔数(Strouhal number),可先求雷诺数(Reynolds number),然后通过查表得到 S_r。

2.1.4 海冰

1)海冰的结构及类型

海冰一般由固态的水(纯冰)、多种固态盐和浓度大于原生海水浓度而被圈闭在冰结构空隙部分的盐水包组成。在纯冰形成过程中,海水中的盐分被析出并转移至下方,其中部分被截留并形成盐水包。盐水包是造成在相同温度下海冰强度低于淡水冰强度的主要原因。随着海冰温度的降低,盐水包中的溶解盐更多地变成固态盐,使海冰的强度提高。

海冰的上表层一般由细小的粒状冰晶组成,厚度取决于结冰时的海况,一般为几厘米;继续往下为过渡层,冰晶具有沿生长方向变长的趋势;再往下是基本结构层,称为柱状冰层。根据海冰的特征,海冰的分类如表2-6所示。

表 2-6　海冰的分类

分类依据	海冰类型
成长过程	初生冰、尼罗冰、冰皮、莲叶冰、灰冰、灰白冰、白冰
表面特征	平整冰、重叠冰、堆积冰、冰脊、冰丘、冰山、裸冰、雪帽冰
晶体结构	原生冰、次生冰、层叠冰、集块冰
运动形态	大冰原、中冰原、小冰原、浮冰区、冰群、浮冰带、浮冰舌
密集程度	密结浮冰、非常密集浮冰、密集浮冰、稀疏浮冰、非常稀疏浮冰
融解过程	有水坑冰、水孔冰、干燥冰、蜂窝冰、覆水冰

2）海冰的物理特性

（1）海冰密度

海冰密度是指单位体积海冰的质量,主要取决于海冰的温度、盐度和气泡的含量。渤海和黄海北部平整冰的密度通常为 $750\sim950$ kg/m³,尤其集中于 $840\sim900$ kg/m³。堆积冰相较于平整冰,其密度减小 $5\%\sim15\%$。海冰密度在垂直方向上无明显变化。

（2）海冰温度

海冰温度是指冰层内部的温度。渤海和黄海北部平整冰的表层温度通常为 $-9\sim-2$ ℃,多集中于 $-5\sim-3$ ℃;表层海冰温度也可以用海上日平均气温代替。表层 20 cm 以下的海冰温度基本不变,为 $-1.8\sim-1.6$ ℃;表层至表层以下 20 cm 处的海冰温度近似呈线性变化。

海冰温度主要受气温、冰厚和冰的传热系数等因素的影响,海洋工程与技术领域通常使用等效海冰温度来综合确定这些因素的影响。

（3）海冰盐度

海冰盐度是指海冰融化成海水后所含的盐度,取决于形成海冰之前海水的盐度、结冰速度以及海冰在海中存在的时间。渤海和黄海北部平整冰的盐度通常为 $3.0\sim12.0$,集中于 $4.0\sim7.0$;河口浅滩附近海冰的盐度集中于 $1.0\sim4.0$。

（4）盐水体积

盐水体积是指海冰内盐囊总体积与海冰总体积之比。平整冰盐水体积的计算公式为:

$$V_b = S_i(0.532-49.185/T_i) \tag{2-43}$$

式中:S_i 为平整冰盐度;T_i 为平整冰温度,且 -22.9 ℃ $\leqslant T_i \leqslant -0.5$ ℃。

（5）设计冰厚

设计冰厚一般是指不同重现期(年)最大平整冰厚度,是冰区建筑物设计的关键指标之一。当实测冰厚资料的年限太短,但是气温资料的年限较长时,可通过气温资料推算出已知气温年份的冰厚,对这个较长时间的年冰厚极值序列进行长期统计分析,得到多年一遇的冰厚值。由气温推算历年平整冰厚度的公式为:

$$h_0 = \alpha\left[(FDD-3\cdot TDD)-K\right]^{1/2} \tag{2-44}$$

式中:α 为冰厚增长系数;FDD 为冰厚增长期内 -2 ℃ 以下的累积冻冰度日;TDD 为冰厚增长期内 0 ℃ 以上的累积冻冰度日;K 为初生冰出现时所需的冻冰度日。

3）海冰的力学特性

（1）海冰的压缩强度

海冰的压缩强度的主要影响因素是海冰温度和海冰盐度。随着海冰温度的降低,海冰的压缩强度在得到提升的同时,海冰的脆性也变强。针对海冰的压缩强度,目前尚无统一的计算公式,但是在工程应用中有一些经验公式可供参考,例如我国鲅鱼圈海域平整冰的水平方向单轴压缩强度 σ_c 可按下式估算:

$$\sigma_c = 4.42 - 0.3\sqrt{V_b} \tag{2-45}$$

式中:V_b 为平整冰盐水体积。另外,σ_c 也可以用如下经验公式进行计算:

$$\sigma_c = 5.8 - 0.423\sqrt{V_b} \tag{2-46}$$

平整冰的侧限压缩强度 σ_A 可按下式估算:

$$\sigma_A = (1.5 \sim 2.5)\sigma_c \tag{2-47}$$

(2)海冰的拉伸强度

海冰的拉伸强度是指冰样单轴受拉破坏时单位面积上承受的极限荷载。拉伸破坏基本上是脆性破坏,当应变速率低于 $10^{-6}/s$ 时,则是韧性破坏。拉伸强度对温度的变化不敏感。在缺少实际观测资料的情况下,可以按照如下经验公式估算海冰的拉伸强度:

$$\sigma_1 = 0.82(1 - \sqrt{V_b/0.142}) \tag{2-48}$$

(3)海冰的弯曲强度

海冰的弯曲强度是指利用悬臂梁弯曲试验测量的海冰抗弯强度。在该试验过程中,用记录仪同时记录荷载-时间、跨中挠度-时间的全过程曲线,然后用以下经验公式计算海冰的弯曲强度:

$$\sigma_f = \frac{3Fl}{2bm^2} \tag{2-49}$$

式中:F 为梁的破坏荷载;l、b 和 m 分别为梁的跨度、截面宽度和高度。

另外,在缺乏实际观测资料的情况下,平整冰的弯曲强度 σ_f 也可以按照如下经验公式进行估算:

$$\sigma_f = 0.96(1 - 0.063\sqrt{V_b}) \tag{2-50}$$

(4)海冰的剪切强度

针对海冰的剪切强度,目前积累的试验数据相对较少,在缺乏现场观测数据的情况下,可以通过下式进行估算:

$$\tau = 0.5\sigma_c \tag{2-51}$$

式中:σ_c 为海冰的水平方向单轴压缩强度。

(5)海冰的弹性模量

在海洋工程与技术研究与设计领域,目前通常采用如下经验公式计算海冰的弹性模量:

$$E_0 = 5.32(1 - 0.077\sqrt{V_b}) \tag{2-52}$$

4)受环境驱动力限制的冰力

环境条件(如风和流)产生的冰力为:

$$F = \frac{1}{2}\rho \cdot C_d \cdot A \cdot V^2 \tag{2-53}$$

式中:ρ 为空气或海水的密度;C_d 为风或流的拖曳系数,具体取值可参考表 2-7;A 表示受到风或流作用的冰体面积;V 为风或流的速度。

表 2-7 拖曳系数的取值

类别	光滑冰面	粗糙冰面	一般冰面
风	0.002	0.010	0.005
流	0.010	0.100	0.040

5) 受冰强度限制的冰力

海洋结构物受到的冰荷载主要包括挤压冰力、弯曲冰力、冻结冰力、压曲冰力、冰脊冰力等，本节重点介绍挤压冰力、弯曲冰力和冻结冰力的计算。

（1）挤压冰力

以作用于孤立垂直桩柱（与水平面的夹角大于 $75°$）上的冰荷载为例，其挤压冰力可按下式计算：

$$F = m \cdot I \cdot f_c \cdot \sigma_c \cdot L \cdot h_0 \tag{2-54}$$

式中：m 为桩柱的形状系数，圆形桩柱取 0.9；对于方形桩柱，冰正向作用取 1.0，斜向作用取 0.7。I 为嵌入系数。f_c 为桩柱与冰层间的接触系数。σ_c 为冰的压缩强度。L 为冰挤压结构的宽度。h_0 为冰厚。

对于圆形截面的墩柱，嵌入系数 I 与接触系数 f_c 的乘积可由下面的经验公式确定：

$$If_c = 3.5 h_0^{0.1} / L^{0.5} \tag{2-55}$$

对于全部堵塞的导管架平台以及柱式平台、沉箱式结构、人工岛等建筑物的冰力计算，If_c 取 0.25~0.40，具体见表 2-8。

表 2-8 If_c 的推荐值

海洋结构物的尺度/m	If_c 取值
<2.5	按式（2-55）计算
2.5~10	0.4
10~100	0.2~0.4

（2）弯曲冰力

以倾斜海洋结构物为例，海冰作用在该结构物上的弯曲冰力计算公式为：

$$\begin{cases} F_h = K_n \sigma_f h_0^2 \tan\mu \\ F_v = K_n \sigma_f h_0^2 \end{cases} \tag{2-56}$$

式中：F_h 为水平冰力；F_v 为垂直冰力；K_n 为系数，其值可取 $0.1B$，B 为海洋结构物倾斜面的宽度；h_0 为冰厚；σ_f 为冰的弯曲强度；μ 为斜面与水平面的夹角，应小于 $75°$。

（3）冻结冰力

冻结冰力是指与海洋结构物冻结在一起的冰随着水位的变化而对结构物产生的垂直作用力。此时，海冰对海洋结构物可能产生弯曲或剪切形式的破坏，取两者中的较小值作为设计值。冰弯曲和剪切时的冻结冰力的计算公式分别为：

$$\begin{cases} F_v = 0.8 \sigma_f h_0^{1.75} M^{0.25} \\ F_w = A \tau_f \end{cases} \tag{2-57}$$

式中：σ_f 为冰的弯曲强度；h_0 为冰厚；M 为海洋结构物在水面处的直径；A 为海洋结构物的冻结

面积; τ_f 为冻结强度,可取 0.5 倍的海冰剪切强度。

2.2 海底环境

2.2.1 海底地形

通过大量的海底观测活动,人们发现海底地形与陆地很相似,如图 2-5 所示,海底同样有山脉、盆地、台地、平原等构造。海底地形大致可以分为三大基本地形单元:大陆边缘、大洋盆地和中央海岭(大洋中脊)。大陆边缘是大陆与大洋底两大台阶面之间的过渡地带,由大陆架、大陆坡、大陆隆构成。广义的大洋盆地泛指大陆架和大陆坡以外的整个大洋;狭义的大洋盆地则是指大洋中脊和大陆边缘之间的深洋底。

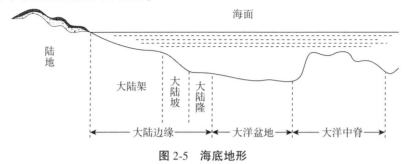

图 2-5 海底地形

大陆架:一般是指被海水淹没的大陆部分,水深在 200 m 以内、距岸 5~200 km、坡度为 1/1 000~1/500 的平缓底坡。大陆架是目前海洋油气资源开发利用最活跃的海域。大陆架一般分为表层、盖层和基底层,内含广大的丘陵地带,也有很多盆地、槽沟和切割地形。

大陆坡:从大陆架外缘至深度为 1 800~2 000 m 的海域,呈 1/40~1/10 的坡度,宽度一般在 20~100 km。该海底区域多发剧烈的海底运动,海底地震的震源绝大多数发生于此。另外,这里还是火山发生频率较高的海底地带。

大陆隆:也称为大陆裙,坡度为 1/1 000~1/50,主要分布在水深为 2 000~5 000 m 的大西洋型的过渡带上。

大洋盆地:也称为深海盆地,约占海洋总面积的 45%,是海洋的主体部分。大洋盆地的周边包括大陆裙和海沟。大洋盆地主要分布于水深为 4 000~5 000 m 的开阔水域。大洋盆地中最平坦的部分为深海平原,其坡度一般小于 1/1 000,甚至小于 1/10 000,是海底最平坦的地区。

海岭:有时也称为海底山脉或海脊。从外形上看,海岭是狭长延绵的大洋底部高地,一般高出两侧海底 3~4 km。位于大洋中央部分的海岭,称为中央海岭或大洋中脊。在四大洋中有彼此连通、蜿蜒曲折、庞大的海底山脊系统,全长约 50 000 km。大洋中脊露出海面的部分为岛屿,例如夏威夷群岛中的一些岛屿就是太平洋中脊露出海面的一部分。

海沟:深度超过 6 000 m 的狭长海底凹地,两侧坡度陡急,多分布于大洋边缘,与大陆边缘相对平行。地质学上认为海沟是海洋板块和大陆板块相互作用的产物。密度较大的海洋板块以 30° 左右的角度插到大陆板块下面,两个板块相互摩擦,形成长长的"V"字形凹陷地带。另外,有些科学家认为所有的海沟都与地震有关,环太平洋地震带都分布在海沟附近。

2.2.2 中国的近海地形

中国位于亚洲大陆的东部,面向太平洋。毗邻我国大陆边缘的渤海、黄海、东海、南海互相连成一片,跨温带、亚热带和热带,自北向南呈弧状分布,是北太平洋西部的边缘海,因紧临中国大陆,又有"中国近海"之称,是中国的四大海域。我国海岸线曲折迂回,形成许多港湾,沿岸有很多岛屿,水文状况较为复杂。近海的海底地形,尤其是渤海、黄海、东海的海底地形,与我国大陆的地形相似,即西高东低,总体趋势是从西北向东南倾斜。

渤海和黄海全部属于大陆架区,没有大陆坡和大洋盆地。东海约有 2/3 的海区属于大陆架,只有东部一小条狭窄地带为大陆坡。南海沿大陆、半岛及岛屿的边缘部分属于大陆架,海底地势较陡。

大陆坡主要分布在南海,主要特征是阶梯状的海底平原上分布着无数的珊瑚礁。东海南侧也有一块与深海海沟相连的大陆坡。只有在南海海底才有深海盆地,被称为"南海中央盆地"。

四大海域中渤海深度最小,大部分海域水深在 20 m 之内;中央部分水深为 20~30 m;最深的部分在老铁山水道,深约 78 m。黄海是深度在 100 m 以内的浅海,东侧、南侧较深,北侧、西侧较浅。东海深度较大,东部水深可达 2 700 m 左右。南海深度最大,我国台湾岛、海南岛以及靠近大陆附近的海区深度在 200 m 以内,其余海区均超过 200 m。南海中央盆地平均深度为 3 000 m 左右,最大深度可达 5 400 m。

2.3　海水的理化特性

2.3.1　温度

海水温度一般随水深的增大而降低。海水表层附近的温度降低得比深层要快。热带地区海洋表面的最高温度达 30 ℃,在极地最低温度只有-2 ℃。对于典型的海水表层温度而言,同温层厚度可达数十米,一般被称为混合层。海水混合的动力一般来自海面的风,在航船舶产生的声波在混合层中会出现反射和折射现象。混合层的温度随季节而异,夏季随表层水温而变高,冬季则变低。随着水深的增大,进入温跃层以后,海水温度随深度的变化将变得缓慢,接近等温状态。在大洋较深处的海水温度一般低于 2.3 ℃。深海与高纬度海域的海水全部为冷水,中低纬度海域才有暖水。太阳辐射、大气的热传导、水蒸气的凝结均可导致海洋表层温度升高。

如图 2-6 所示,不同纬度海域中海水温度随水深的变化规律基本一致,水深 200 m 以下的海水温度基本不变。世界大洋的平均水温为 3.8 ℃。海水的垂直温度梯度从两极向赤道逐渐增大。

2.3.2　盐度

海水盐度是指海水中溶解的固体物质的总量。海水盐度是描述海水含盐量的一个重要指标。海洋学常用表和标准联合专家小组于 1978 年提出了海水实用盐度标度的计算公式,自 1982 年开始被国际社会广泛采纳。实用盐度标度采用氯度为 19.374‰的国际标准海水为实用盐度 35.000‰的参考点。在 15 ℃、一个标准大气压下,高纯度的 32.436‰的 KCl 溶液与国际标

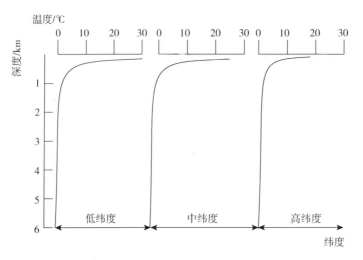

图 2-6　海水温度分布

准海水(氯度为 19.374‰,盐度为 35.000‰)的电导率相同,电导比 $K_{15}=1$。即标准 KCl 溶液的电导率对应盐度为 35.000‰,此点即为实用盐度的固定参考点。实用盐度的计算公式为:

$$Y = \sum_{i=0}^{5} y_i K_{15}^{0.5i} \qquad (2-58)$$

式中:K_{15}是在 15 ℃、一个标准大气压下,海水样本与标准 KCl 溶液电导率之比。$y_0 = 0.008\ 0$,$y_1 = -0.169\ 2$,$y_2 = 25.385\ 1$,$y_3 = 14.094\ 1$,$y_4 = -7.026\ 1$,$y_5 = 2.708\ 1$。现在实用盐度标度不再使用"‰",数值为之前盐度定义值的 1 000 倍。需要注意的是,表征海水中溶质质量与海水质量之比的绝对盐度值无法直接测量,用上述方法测定的实用盐度与海水的绝对盐度之间存在显著差异。另外,由于海水成分复杂,很难用上述定义中的方法进行盐度测算,一般使用硝酸盐滴定法测定海水的氯离子数来确定海水的盐度。在海洋工程与技术相关实践中,更多地采用测量海水电导率的方法测定海水盐度。全球范围内海水温度、盐度随纬度的变化趋势如图 2-7 所示。

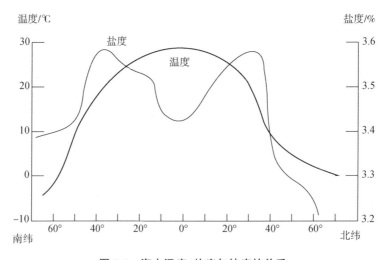

图 2-7　海水温度、盐度与纬度的关系

2.3.3　密度

海水密度是指单位体积内海水的质量。海水密度一般为 $1.02 \sim 1.07$ g/cm³,具体数值取决于温度、盐度和压力(或深度)。在低温、高盐和深水压力大的情况下,海水密度大;而在高温、低盐的表层水域,海水密度就小。一般情况下,由赤道向两极,温度逐渐变低,密度则逐渐变大。到了两极海域,由于水温低,海水结冰,剩下的海水盐度高,所以密度更大。

在海洋表层,海水密度主要取决于海水温度和盐度的分布情况,如图 2-8 所示。赤道附近海水温度最高,盐度较低,因此表层海水密度最小,约为 1.023 g/cm³。由赤道向两极,海水密度逐渐增大。在副热带海域,虽然海水盐度最高,但是温度也高,所以密度虽有增大,但并没有出现极大值。最大海水密度出现在极地海域,例如在南极,海水密度可达 1.027 g/cm³ 以上。对于固定深度的海水而言,其密度只是温度和盐度的函数。因此,随着深度的增大,密度的水平差异与温度和盐度的水平分布相近。

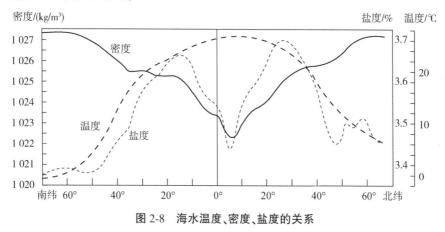

图 2-8　海水温度、密度、盐度的关系

整体而言,在深海大洋中,海水温度的变化对密度的影响要比对盐度的影响大。因此,海水密度随深度的变化主要取决于海水温度。在表层海水内,海水温度随着深度的增大呈现出不均匀的下降趋势,因此海水密度随深度的增大而呈现出不均匀的增大趋势。约从 $1\,500$ m 水深开始,海水密度垂直梯度变小;在深层,海水密度几乎不随水深而变化。

凡是能影响海水温度、盐度的因素都会对海水密度产生影响。在深水处有密度跃层存在时,由于内波的作用,可能会引起一些海水波动,但无明显规律可循。受海水温度、盐度年变化的影响,海水密度的年变化相对复杂。

中国近海表层海水密度的分布和变化主要取决于海水温度和盐度。在近岸水域,特别是河口水域,海水盐度变化较大,其对海水密度起到了决定性作用;在距河口较远的海域,决定海水密度的主要因素则是海水温度。从整体来看,表层海水密度的分布特点为冬季最大,夏季最小;春季密度变小,秋季密度变大。由于海水密度受到温度和盐度的综合影响,因此其分布不如温度、盐度那样规则,但总体趋势为河口水域密度最小,沿岸水域密度次之,深海水域密度最大。

第3章
海洋能源利用装备

3.1 浮式海洋能源利用装备

3.1.1 浮式钻井装置

浮式钻井装置,是采用锚泊或动力定位方式定位的、浮在海面上进行钻井作业的装置。它通常可分为半潜式钻井平台、钻井船等。

1) 半潜式钻井平台

半潜式钻井平台是一种移动式钻井装置,是海上钻井的专门设备,专门用于石油、天然气的勘探、开采。半潜式钻井平台水线面很小,这使得它具有较大的固有周期,不大可能和波谱的主要成分波发生共振,达到减小运动响应的目的;它的浮体位于水面以下的深处,大大减小了波浪作用力。当波长和平台长度处于某些比值时,立柱和浮体上的波浪作用力互相抵消,从而使作用在平台上的作用力很小,理论上甚至可以等于零。

(1)结构组成

半潜式钻井平台主要由上部平台、中间立柱和下部浮体三部分组成,如图 3-1 所示。

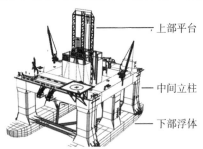

上部平台 ———
中间立柱 ———
下部浮体 ———

图 3-1　典型的半潜式钻井平台结构组成

上部平台是工作平台,可为整个作业提供场地,布置生产和生活设施,便于对整体进行操作。

中间立柱是连接上部平台与下部浮体的柱形结构,一般是大直径立柱,以保证平台的稳定性。立柱多为圆形,也有方形的。

下部浮体是与中间立柱相连的连续浮体,用于提供浮力,设有压载水舱,可以通过排水使平台上浮。

此外,半潜式钻井平台的重要结构还包括撑杆和重要节点等。

撑杆是将平台各主体结构连接成一个结构整体的连接构件,一般多为圆筒状构件。撑杆可使整个平台形成空间结构,可把各种荷载传递到平台主要结构上,并可以对风、浪或其他不平衡荷载进行有效而合理的分布。

重要节点是半潜式钻井平台的关键构件。半潜式钻井平台的节点较多,节点的形式也很多,如箱形节点、扩散型节点、球形节点、圆鼓形节点、加强型节点等。撑杆与上部平台、中间立柱和下部浮体之间的接头均构成重要节点。

（2）主要特点

半潜式钻井平台与自升式钻井平台相比,优点是工作水深大、移动灵活;缺点是投资大、维护费用高、需有一套复杂的水下器具、有效使用率低。为适应各种海洋环境下的作业,半潜式钻井平台衍生出了种类繁多的结构形态,按照结构形式、定位方式和航行能力等可以进行如下分类(如图3-2所示)。

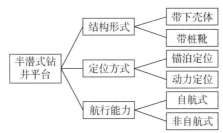

图3-2　半潜式钻井平台分类

（3）典型案例

"蓝鲸2号"是我国典型的半潜式钻井平台,长117 m,宽92.7 m,高118 m,最大作业水深3 658 m,最大钻井深度15 250 m,自重44 000 t,可抵御15级以上的飓风,可在全球95%的海域进行作业。2020年3月,"蓝鲸2号"在我国水深1 225 m的南海神狐海域进行可燃冰试采,创造了"产气总量$86.14×10^4$ m^3"和"日均产气量$2.87×10^4$ m^3"两项新的世界纪录,掌握了深海浅软地层水平井钻采核心技术。

与传统单钻塔平台相比,"蓝鲸2号"配置了高效的液压双钻塔和全球领先的DP3闭环动力管理系统,提高了作业效率,节省了燃料消耗。"蓝鲸2号"与"蓝鲸1号"的整体设计相同,两者互为姊妹船,均担负着可燃冰试采的重任。在规模以及使用性能上,"蓝鲸2号"更具优势,具体体现在以下三个方面:

①平台的稳定性更好。"蓝鲸2号"可根据海上风浪状况,精确控制平台下方的八个推进器,来确保平台在航行和工作中的稳定性。

②动力定位系统更加精准、面向海域更深。"蓝鲸2号"配备了"动力定位+卫星定位"的全球领先的DP3闭环动力管理系统,当发现自身位置出现一定的偏移时,会立刻启动推进器,将自己牢牢固定在原位。

③设备之间的匹配精度极高。这款海上"钢铁巨兽"的法兰间隙可以控制在头发丝直径的1/4。

2）钻井船

钻井船又称为浮船式钻井平台,是一种海上石油勘探开发的先进钻井工具,通常在机动船或驳船上布置钻井设备,能够在浅滩、湖泊、深海进行独立钻井作业。钻井船是移动浮式钻井装置中机动性极好的一种,其机动灵活、停泊简单、适用水深范围很大,特别适用于深水或超深水海域的钻井作业。

钻井船按照推进系统不同可分为自航式和非自航式;按照定位系统不同可分为锚泊定位式和动力定位式;按照钻井位置不同可分为顶部钻井式、舷侧钻井式、船中钻井式和双体船钻井式,如图3-3所示。

一般而言,为减小船体摇荡对钻井工作的影响,钻井井架大多设置在船体的中央位置。

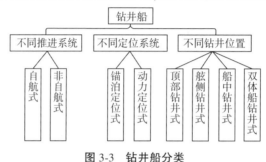

图 3-3 钻井船分类

（1）钻井船的主要特点

早期的钻井船多为钻井驳船,大多由旧船改装而成,且只适用于浅海较小风浪海域。随着时代的发展,现代钻井船多为专门设计,几乎所有的钻井和生活设施都在船上,且具有自航能力强、大型化、多功能化和智能化的特点。

钻井船的优点是:它所受阻力较其他形式的浮式钻井装置(如坐底式平台、自升式平台和半潜式平台等)小,航行速度快,有利于快速移位;而且它的排水量和船内空间大,能装载较多的钻井机械设备和作业器材;在深海作业时,钻井船还具备半潜式钻井平台所不具有的优势,即很强的储油能力,例如,"大连开拓者"号就具备100万桶的储油能力,因而,钻井船在深海作业时可以大大减少对海洋工程辅助船舶的依赖。

钻井船的主要缺点是:甲板使用面积相对较小;对风、浪等海洋环境因素的动态响应比较敏感,整体稳定性差,在恶劣环境下的停工率较高;结构设计和操作不当容易引发事故;作业费用高昂等。针对钻井船的主要缺点,可采取如下措施改进其性能:

①设置减摇水舱以减轻船体的摇摆运动。

②采用中间锚泊系统。在船中间设有一个可转动的大圆筒,筒上安装钻机、井架等,筒下用锚链与海底连接,船体可围绕圆筒旋转,使之处于迎风、浪的位置,从而减少船体的摇摆和水平运动。

③安装水下器具,包括柔性接头、伸缩钻杆和升沉补偿装置等,用来减少钻井船船体的摇摆、水平和升沉运动。

④安装动力定位系统。水下井口的声呐发生器发出信号,船底的接收器能测出船的偏移位置并将其输入计算机,计算机自动控制相应的螺旋桨运转产生推力使钻井船复位。

（2）钻井船的关键技术

钻井船与常规船舶相比有着特殊的系统,即钻井系统、立管系统和定位系统。在设计和建造钻井船时应当掌握如下关键技术：

①月池、钻井甲板、井架等特殊结构的设计、分析与建造。月池、钻井甲板结构是钻井船与其他用途船舶的重要区别,其承受的井架荷载、立管荷载都很大,月池-水体-立管-波浪耦合等问题须在设计分析中予以特殊考虑。

②钻井船的总体运动响应分析。钻井操作受船体的总体运动影响较大,相关规范规定钻井立管在钻井工况下的竖直方向偏角不可超过4°。钻井船的总体运动性能好坏将直接决定钻井操作能否顺利进行。

③立管系统设计与分析。立管系统是钻井船特有的作业系统,由于立管系统具有大长细比、偏柔性的特性,且承受很大的内外压力和复杂的波流荷载,其设计与分析难度很大。

④钻井船锚泊系统设计与分析。目前,新型高强度聚酯纤维材料在海洋工程锚泊系统设计中已经被采用。该类型锚泊系统具有重量小、成本低、工作可靠等优点。

⑤动力定位系统研究。在动力定位系统设计中,要考虑荷载计算、数学模型、核心算法和多个推进器间推力的最优分配等问题,此外,还要进行整体的定位性能分析和失效模式评估。

⑥钻井船的总体性能模型试验技术。钻井船模型试验涉及风、浪、流等复杂边界条件的设定,模型总体运动等响应信号的精确捕捉与分析,DP系统的模拟与控制等问题。

⑦高精度船体施工技术。月池、井架等结构对钻井船船体分段的施工精度提出了更高的要求,具体施工方法需要详细研究。

⑧大厚度、高强度钢材焊接工艺研究。钻井船的结构复杂,大厚度构件多。提高大厚度、高强度钢焊接接头的力学性能(尤其是低温韧性)对保障钻井船的建造质量有重要意义。

（3）钻井船的发展趋势

①更趋深水化

目前,在建的钻井船适应水深几乎都超过了3 000 m,钻井深度一般都超过了10 000 m,而且,船体大都装配有世界先进的DP3全方位动力定位系统。

②更加大型化

深水钻井装备呈现大型化趋势,甲板可变荷载、平台主尺度、承载总重量、物资存储能力等各项指标都向着大型化方向发展,这使得钻井船的作业安全性、可靠性大大提高,全天候工作能力和自持能力显著提高。

③设计更优化

设计更优化主要体现在：钻井设备更先进；可变荷载与总排水量、总排水量与自重的比值变大；安全性、抗风暴能力和自持能力提高；甲板可变荷载和空间加大。

④配套更先进

在石油钻机方面,交流变频电驱钻机正在取代现有的可控硅直流电驱动电机,新一代顶部驱动钻井装置(TDS)在交流变频驱动、静液驱动等方面有新的发展；在钻井泵方面,不断有大功率的钻井泵问世；在井控方面,高压旋转防喷器更受青睐。

3.1.2 浮式生产储卸油装置

浮式生产储卸油装置(FPSO)同时具备了生产、处理和储卸石油的功能。FPSO一般与水下采油系统和穿梭油轮组成一套完整的生产系统,它通过系泊系统固定在海上,可进行360°全方位自由旋转。其一般随风向而改变,使船体始终处于迎风状态,从而降低船体的横摇和纵荡运动响应。

1) FPSO 组成

（1）系泊系统

FPSO 主要有单点系泊和多点系泊两种方式。单点系泊又可以分为内转塔、外转塔、软刚臂等形式。单点系泊方式可使 FPSO 随风、浪、流的作用绕单点系泊系统自动朝向受力最小的方向进行360°全方位自由旋转,以减小作用在 FPSO 上的动力荷载,规避不利环境荷载带来的破坏,从而提高船体在恶劣环境下的生存和作业能力。多点系泊多适用于温和的海洋环境,系泊点一般为8~16个。

（2）动力定位系统

随着 FPSO 船体尺度的不断增大,要求的作业能力不断提高,系统对动力定位要求也提高。目前新建的 FPSO 大都配备了先进的 DP3 动力定位系统,以提高大尺度船体在强风暴下的姿态控制、定位作业与生存能力,同时也可提高船体的快速移位能力。

（3）船体

作为海上油气加工、处理、储卸的大型载体,船体的总体布置需要对动力模块、生产模块、储卸油模块、消防模块、生活模块等进行合理规划。此外,船体系统还需满足各种设计、建造规范及公约和行业标准对安全、救生、环保等方面的要求。

（4）生产设备与储存设备

生产设备与储存设备主要包括:采油设备,油、气、水分离设备,计量系统,污水处理系统,火炬燃烧系统和储油舱等。分离出来的天然气用于燃烧发电,其余的天然气则回注到海底的油井中,或用于气举或由火炬燃烧掉。部分新型的 FPSO 还具备海上天然气分离压缩罐装的能力,罐装后的天然气由船舶外输。分离出来的原油储存在储油舱,而分离出来的水回灌到海底油井或经净化处理后排放入海。

2) FPSO 主要优点及缺点

与固定式采油平台相比,FPSO 的主要优点有:

①投资少、风险低。采用 FPSO 不必斥巨资建造固定式采油平台。FPSO 可重复利用,一个油田开采结束后,可以快速移位到下一个油田,开采成本大大降低。在油田开采中,一旦发现油田规模与原设计有差异,FPSO 可规避固定式开采平台可能带来的投资风险。

②施工周期短,建造质量有保障。采油设备和船上其他装置均在陆上建造,可大大缩短施工周期,且建造质量不受海况及海上气候影响而易于得到保证。

③建造费用基本不受水深和海底地质条件的影响。FPSO 对海底地形、海床地质以及水深因素不敏感。海底支撑的固定式平台的建造费用随着水深的增大而大幅度增加,无法满足深水油气开发的需求,而 FPSO 为深海油气资源的开发提供了一种实用和有效的手段。

④灵活性强、移位方便。大部分 FPSO 具备海上自航能力,这一特殊优势使 FPSO 可根据不同油田的作业需求和实际开采情况对所搭载的油气加工处理模块及时进行回厂更换。

⑤适用范围广。FPSO 技术日趋成熟,现有的 FPSO 普遍具有运行可靠、使用周期长、应用

水深范围大、可重复利用能力强、承重能力和抗环境荷载能力强等特点。它不仅适用于开发寿命短的小型油田和边际油田,也适用于开发前景暂时不明朗的早期油田,同时还适用于开发远离海岸的深远海油田。

⑥甲板面积宽阔。FPSO 具有宽阔的甲板,可对各种生产模块进行合理的布置。

FPSO 的主要缺点有:

①除了油田作业所需的设备和人员外,需要额外的船用设备和人员,操作费用相对较高。

②通常不具备钻井能力,需要额外的钻井装置进行钻井和修井作业。

③需要采用费用较高的水下采油树和柔性立管系统。

3) FPSO 概念的延伸与扩展

海洋油气工业界通过多年来的不断探索和分析,已经能够将钻井设备与 FPSO 相结合,实现由 FPSO 向 FDPSO(Floating Drilling Production Storage and Offloading)的转变。FDPSO 由瑞士 SBM 公司率先提出,将钻井模块并入 FPSO,在 FPSO 的中部开口,增设张力腿钻井甲板,用张力筋腱将钻井甲板系于海底,采油树及防喷器均置于钻井甲板上,这样既可用于钻井、采油,又能进行生产处理及储运。

FDPSO 分为船型和圆筒型两种。船型 FDPSO 可由旧船改造而成,只需在符合条件的船舶上加装钻机、水下立管等设备即可,经济且高效。圆筒型 FDPSO 抵御环境荷载的能力高于船型 FDPSO,在风、浪、流的冲击下更能保持平稳,适合天气多变的海域。

4) 典型案例

我国典型的 FPSO“海洋石油 119”总长约 256 m,宽约 49 m,甲板面积相当于 2 个标准的足球场,甲板上有 14 个油气生产功能模块和 1 个可容纳 150 名工作人员的生活楼,满载排水量达 19.5×10^4 t,能抵抗百年一遇的台风。FPSO 设计寿命为 30 年,15 年不进坞,船体为双壳构造,货油系统采用潜液泵,入级 BV 和 CCS 船级社。交付后其服役于南海 16-2 油田群,作业水深达 420 m。“海洋石油 119”是中海石油(中国)有限公司深圳分公司自营开发的深水 FPSO 项目。

“海洋石油 119”上部模块拥有复杂的海上油气处理工艺流程,肩负着 3 个油田中所有采油树全过程控制的使命,每天可处理原油 2.1×10^4 m³、天然气 5.4×10^5 m³,相当于一座占地 3.0×10^5 m² 的陆地油气处理厂,是当之无愧的“海上超级工厂”。它能够长期系泊在海况恶劣的南海深水区,依靠的是一套具有世界先进水平的船体集成型大型内转塔单点系泊系统。

“海洋石油 119”单点系泊系统总重 2 800 多吨,通过 9 条长约 1 740 m 的锚链固定在海底,悬挂 19 条水下油田生产和控制管缆,其工作量是国内其他类型单点系统的 3~4 倍;重约 1 100 t 的单点下塔体使用大型浮吊吊装到“海洋石油 119”船体直径为 18.5 m 的月池中,中心精度要控制在 3 mm 以内;在直径不足 2 m 的滑环腔体空间内安装有 45 个连接管、238 根电缆以及上千个零部件。该系统具有结构复杂、滑环数多、吊装精度高等多个特点。

3.1.3　浮式天然气液化装置

浮式天然气液化装置(Floating Liquid Natural Gas Unit, FLNG)是一种用于海上天然气田开发的浮式生产装置,通过系泊系统定位于作业海域,具有开采、处理、液化、储存和装卸天然气的功能,并通过与液化天然气船搭配使用,实现海上天然气田的开采和天然气的运输。

通常 FLNG 包括一个船体结构、一个系泊转塔系统和一个上部工艺模块。FLNG 与液化天然气运输船相结合,显出巨大优势,特别是对于偏远的海洋气田,采用 FLNG 是一种更经济的管道运输回岸的替代方案。作为一种创新的工程设施,FLNG 具有液化天然气生产、储存和卸载的能力。该设施实际上是海上天然气处理工厂,相当于液化天然气运输船、浮式生产储油船和陆上天然气液化厂的完美资源整合。

作为一种新兴的海上油气生产形式,FLNG 要求船上设备工艺流程紧凑,使用极少的烃类制冷剂并降低其储存量。考虑到海上运动环境(如海上风、浪等)对分离过程等的影响,在设计 FLNG 的液化工艺(浮式液化天然气技术、工艺及设备)时,一般需要增加材料设计强度,减少设备占用空间;同时工艺装置要满足安全需要,工艺流程要有足够的适应性和可获得性,以适应原料气的变化和生产天数。在 LNG 液化工艺中,单循环混合制冷剂工艺和双循环混合制冷剂工艺均具有很好的浮式条件适用性。

🔷 1)FLNG 的分类

FLNG 主要分为两大类:一类是海上气田生产装置,负责海上天然气生产和储存,与 FPSO 的功能类似;另一类是 LNG 浮式终端,分为出口终端和进口终端。如图 3-4 所示,FLSU 属于出口终端,LNG-FSRU、LNG-FRU 属于进口终端。

图 3-4　FLNG 主要分类

LNG-FPSO(LNG-Floating Production Storage Offloading)被称为浮式 LNG 生产储卸装置,通常通过单点系泊系统定位于作业海域,适用于深水气田开发、边际气田开发以及油气田早期生产。其与导管架井口平台或与自升式或浮式钻采平台组合成为完整的海上采气、液化、油气处理和 LNG 储存、卸载系统。

LNG-FSRU(LNG-Floating Storage and Regasification Unit)即浮式 LNG 储存及再气化装置。作为陆上天然气气化终端的海上"替代品",FSRU 不仅可以作为 LNG 运输船使用,而且具有 LNG 储存及再气化功能,可作为海上浮式终端,远离发电厂、工业区或人口密集区停泊。

FLSU(Floating Liquefaction and Storage Unit)即浮式液化及储存装置,作为出口终端,将天然气液化之后传送给 LNG-FSO 或 LNG 运输船。

FLSO(Floating Liquefaction Storage and Offloading)即浮式液化天然气液化储卸装置,用于天然气液化和储存的海上浮式终端,并配备完整的天然气处理装置。

🔷 2)FLNG 的组成

(1)液罐结构

LNG 在储存过程中始终处在常压和 -162 ℃ 左右的低温条件下,储罐内会产生一定的蒸气压。为了避免上述情况出现,储罐的材料以及绝缘性必须满足相关规范的要求。LNG 的储罐一般可分为 SPB 型、独立球型(MOSS 型)及薄膜型(GTT 型)三种类型,各类型之间的对比如表 3-1 所示。

表 3-1　LNG 运输船三种储罐对比

		SPB 型	MOSS 型	GTT 型
尺寸		紧凑	大	紧凑
船舶重量		轻	重	轻(当船小时相对重)
储罐数量		少	多	多
上甲板空间		完全不受限制	非常受限制	不受限制
海上运输		容易	不容易	容易
压力控制		简单	复杂	最复杂
温度控制		简单	复杂	复杂
不可泵送的液体量		少(3 m³/储罐)	少(6 m³/储罐)	多(200~400 m³/储罐)
维护	外部	容易	不容易	容易
	内壳/绝热	极容易	容易	非常困难

（2）转塔系泊系统

FLNG 的系泊方式主要是单点系泊,包括内转塔单点系泊和外转塔单点系泊。内转塔一般设在船首,而外转塔设在外悬臂上。转塔系泊系统可减少船体横摇运动,以保证上部模块的作业,并根据波浪、水流和风向来调节风向标,减少船体运动。在现场特定生存条件下的系泊设计十分重要。在恶劣海洋环境下需要内转塔设计。

（3）卸载系统

在海上两艘船之间卸载液化天然气极具挑战性,尤其是在恶劣天气条件下作业更加困难。因此,提供安全的卸载设备和进行高效的卸载操作非常重要。

目前有许多类型的卸载设备和卸载方法。其中,卸载设备主要有装卸臂和低温软管两种;卸载方法主要有并排转移和串联卸载两种。

①卸载设备

在液化天然气的卸载过程中,需要采用一种安装在船侧的装卸臂。船用的装卸臂有几个关键部件,如底座立管、内侧臂和外侧臂。低温软管可作为装卸臂的替代品,它是在 FLNG 和液化天然气运输船之间输送液化天然气的隔热保温软管。低温软管大多在恶劣海洋环境条件下船舶之间很难紧密接触时使用。

②卸载方法

并排传送（傍靠）:系泊并排作业是 FLNG 卸载的重要选择。在操作过程中,两艘船之间系泊缆负载和浮动负载的计算极其重要。并排转移的卸载方式一般针对温和海洋环境。并排卸载是通过使用装载臂来操作完成的。长期以来,原油和液化石油气的卸载设备一直采用的是装卸臂。在选择并排传送方式卸货时,需要应用非线性水动力学相关知识或者水池试验等手段来预报两船之间的相互运动并评估其对卸货的影响,防止两船相互碰撞。

串联卸载（尾输）:在恶劣海况下,并排卸载不再适用,需选用串联卸载方式。由于两船的船首和船尾距离较近,波浪和风向的不稳定性致使卸载作业极其困难。在尾输作业时,输气软管漂浮在海面上,内部始终承受着 -162 ℃的低温作用,而如何保证软管长时间保持低温隔热状态至关重要,此外,两船之间的相对运动对卸载作业的安全性也有着重要影响。

3) FLNG 的适用范围

（1）适合深水气田开发

FLNG 与海底采气系统和 LNG 运输船可以组合成一个完整的深水采气、油气水处理、天然气液化、LNG 储存和卸载系统，从而完美地实现深水气田的高速度、高质量和高效益开发。FLNG 具有适应深水采气（与海底完井系统组合）的能力，较强的在深水海域中抗风浪能力，大规模天然气液化和油气水处理能力，大容量的 LNG 储存能力。

（2）适合边际气田开发

边际气田，是指从经济效益上衡量，处于可获利开发与获利少可不开发之间的边界气田，它往往需采用先进技术与装备等措施才能开发。FLNG 具有良好的经济性，它与相同规模的岸上液化天然气工厂相比，投资可减少 20% 左右，建设工期可缩短 25% 左右；FLNG 有良好的移动性，可在开发完某气田之后快速地移动至下一个油气田使用，重复利用率很高。此外，FLNG 适配性也很高，可以与导管架井口平台组合，也可以与自升式钻采平台组合。

（3）适合油气田早期生产

早期生产是指在油气田勘探过程中，在探井发现可开采油气田之后，在全面开发方案未准备好或天然气生产设施未建成之前，在油气田开发早期短时间内利用 FLNG 使油气田局部投产，尽早获得经济效益的开发方式。FLNG 既可与导管架井口平台组合，又可与自升式或浮式钻采平台组合，因此，不管是深水、浅水还是近海，均可采用它进行油气田的早期生产。

4) FLNG 的关键技术

（1）容器内 LNG 的减晃技术

液舱内 LNG 的流动性远高于原油的流动性，而 FLNG 船体的运动会引发舱内 LNG 剧烈晃动。减小 LNG 晃动的主要技术手段有合理布置和设计液化装置。如果采用卧式液化装置，应尽可能地增大其直径并减小长度。

（2）尾输卸载的软管技术

FLNG 尾输卸载作业通过一根系泊缆与穿梭油船连接，并使用输送 LNG 的软管进行卸载。通常一个卸载过程大约需要 20 h，这就要求软管全程浮于水面上。但是，由于 LNG 必须保持 −162 ℃ 的超低温，因而，要求软管不仅要能承受超低温，而且要不受海水长时间浸泡的影响。此外，输送软管还需要克服 FLNG 与穿梭油船相对运动的影响。FLNG 低温软管的生产制造较为困难，这是因为低温软管材料选型与结构设计难度大，加工制造及性能测试难度大，超低温密封、连接、泄漏监测难度大。

（3）傍靠卸载的防碰撞技术

傍靠卸载需要对两船体之间的相对运动进行准确预报，需要开展相关非线性水动力学研究，还需要通过模型试验或海试进行防碰撞分析与研究。

（4）液化工艺的改进技术

受到空间限制，一般液化流程的设计要求很高；制冷剂性能要求也很高，要求其能够适应不同产地的天然气；并且在面临恶劣天气时能够使液化设备快速停机，移动至另一位置后迅速开机。液化流程的循环模式要满足结构紧凑、安全性好、制冷剂始终保持气相、冷箱小、无需分馏塔、对船体运动的敏感性低等要求。

3.2　海洋清洁能源利用装备

3.2.1　潮汐能

潮汐能是指在月球和太阳等引力作用下形成周期性海水涨落而产生的能量,它包括海面周期性的垂直升降和海水周期性的水平流动。垂直升降部分是潮汐的位能,称为潮差能;水平流动部分是潮汐的动能,称为潮流能。

在诸多形式的海洋能中,海洋潮汐能含量巨大,相应的开发技术也较为成熟,是目前极具开发潜力的新能源之一。

1)潮汐能发电技术类型

目前成熟的潮汐能发电形式为水库式,即在海湾或海潮河口建筑堤坝、闸门和厂房,将海湾或河口与外海隔开围成水库,并安装发电机组进行发电。

针对水库式潮汐能发电技术的诸多缺陷,近年来欧美发达国家兴起了无水库式潮汐能发电技术。无水库式潮汐能发电技术为潮汐能的开发提供了新手段,代表着未来潮汐能发电技术的发展趋势。

(1)水库式潮汐能发电技术

水库式潮汐电站主要有三种:

①单库单向型

在涨潮时,将储水库闸门打开,向水库充水;在平潮时,将储水库闸门关闭;在落潮后,储水库与外海有一定水位差,此时开闸,驱动水轮发电机组发电。

②单库双向型

利用两套阀门控制两条向水轮机引水的管道。在涨潮和落潮时,海水分别从各自的引水管道进入水轮机,使水轮机旋转带动发电机。

③双库单向型

利用两个水力相连的水库,涨潮时,向高储水库充水;落潮时,由低储水库排水。利用两水库间的水位差,使水轮发电机组连续单向旋转发电。

水库式潮汐能发电方式存在着诸多缺陷:建立发电厂时的建坝等工程需要巨额投资;泥沙冲淤问题难以解决;拦潮坝对水库区生态有影响;海岸易遭侵蚀。

(2)无水库式新型潮汐能发电技术

无水库式潮汐能发电设备的发电原理突破了常规发电的概念,是借鉴风能发电原理,同时考虑海流和风密度等条件的不同设计开发而成的,因而此类水轮机的结构形式与传统水库式机组的结构形式大不相同。

2)潮汐能发电机组

根据机组结构形式不同,潮汐能发电机组总体上可分为两大类:

（1）海底风车式机组

位于海底的"海流"风车式发电机组是无水库式潮汐能设备发展的标志性工程结构。该机组形状宛如一个风车,由潮水提供动能冲击叶片发电。为便于转子出水维护,安装时在海底钻孔打桩,建造具有提升机构的竖塔以适应不同深度的海流流速并便于出水维修。为适应海水涨落的变化,竖塔有 5~10 m 露在海面上,每个竖塔两侧各有一个转子,以节约成本,提高利用效率。机组变速箱和发电机构成一个整体单元,浸没在海水中,不需要额外的冷却系统,降低了故障率。

（2）全贯流式机组

全贯流式机组是一种中心开放式无库容潮汐能发电机组,它显著的特点是中心开放而无轴和桨叶,采用滑动轮帆型转子,水流贯穿通过有一定斜度的帆叶,带动转子旋转发电。发电机和转子轴承设计为整体结构,适于高效直流环绕发电机。全贯流式机组适于中深水海域,发电电压为中等电压。无水库式潮汐电站无须在入海口建坝,可直接在近海浅水区安装潮汐能机组进行发电,省去了传统潮汐电站土建项目的巨额投资,降低了对气候的依赖,不占用河道,极大地减小了对生态的不利影响。

🔲 3）我国潮汐能的分布特点

我国海岸线漫长,所蕴藏的潮汐能源极其丰富。从地域上而言,东南沿海地区是主要的潮汐能蕴藏地,尤其以闽、浙地区最为突出。据不完全统计,全国的潮汐能蕴藏总量约为 1.9 亿 kW,其中可供开发的约为 3 850 万 kW,年发电量约为 870 亿 kW·h 时,相当于 40 多个新安江水电站。根据中国海洋能资源区划结果,目前,我国沿海潮汐能可开发的潮汐电站坝址为 424 个,以福建和浙江沿海数量最多。

🔲 4）我国开发潮汐能面临的挑战

中国的潮汐电站无论是开发利用程度、建设规模,还是单机容量等,都有待进一步改进,潮汐电站的发展还处于初级阶段,潮汐能开发量远远没有达到预期,潮汐能开发利用技术需进一步提高,开发潮汐能还有诸多限制因素,主要体现在以下几个方面:

（1）地理条件要求高

潮汐电站的选址要结合海湾、河口的天然构造,首先从外形上观察地区是否具备进行潮汐能发电的可能性;然后结合该地区的地质情况,考察地基、泥沙含量等,选择合适的建址;最后进行施工,开发利用潮汐能。

（2）发电成本较高

潮汐电站在一天之内水头变幅很大,这就需要潮汐电站运行部门设计出科学、合理的运行方案,使发电效益最大化,而目前潮汐电站运行技术尚不成熟,使得潮汐能发电具有不连续性和波动性。此外,设备的定期维护成本高。

（3）材料技术限制

海水含有的高强度的金属盐成分会对发电设备产生化学、电化学等腐蚀,海生物附着也考验着材料和设备的性能。

3.2.2　波浪能

波浪能主要是由风引起的海水沿水平方向运动而产生的能量。海洋中的波浪能常以机械能形式出现。在太平洋、大西洋东海岸纬度 40°~60° 区域,波浪能可达到 30~70 kW/m,某些地方能达到 100 kW/m。波浪能是海洋中分布最广的可再生能源。据估算,全球海洋波浪总能量可达 700 亿 kW,其中可供开发利用的为 20 亿~30 亿 kW。

1) 波浪能转换装置

目前主流的波浪能转换装置有以下几种类型:

(1) 消波器类型

消波器是一种浮动设备,其平行于波的方向运行。当波通过它时,它从两个臂的相对运动中捕获能量。

(2) 点吸收器类型

点吸收器是一种浮动结构,通过其在水面附近的运动吸收所有方向的能量。它将浮力块顶部相对于底座的运动转换为电能。

(3) 振荡浪涌转换器类型

振荡浪涌转换器从浪涌和其他海水运动中提取能量。

(4) 振荡水柱涡轮机类型

振荡水柱是部分淹没的中空结构。它在水位线以下向大海敞开,将一部分空气包围在水的顶部。波浪垂直运动带动水柱上升和下降,进而压缩和吸引空气柱。捕获的空气在通过涡轮机时带动涡轮转动,进而发电。

(5) 水流发电器类型

当海浪冲入蓄水池时,顶部装置会捕获海水。然后,海水靠重力返回海洋时,水流带动涡轮机进行旋转,进而发电。

(6) 潜水压差转换器类型

潜水压差装置通常位于海岸附近,并固定到海床上。波浪的运动带动设备的上部进行上升和下降运动,从而在设备中产生一定压差。交替变换的压力可以用于发电。

(7) 膨胀转换器类型

膨胀转换器由一个装满水的橡胶管组成,该橡胶管系泊至海床后随波浪运动。水通过橡皮管尾部进入,波浪通过会引起管子内压力变化,形成波峰型凸起。当凸起穿过管子时,它会增长,聚集能量,该能量可用于驱动位于船首的标准低水头涡轮机进行能量转换,然后水会重新返回海中。

(8) 旋转转换器类型

旋转转换器通过设备在波浪中起伏和摇摆运动来捕获能量。这种运动驱动偏心重物或陀螺仪运动来带动机芯运动进行能量转换。

2) 波浪能利用面临的困难

虽然波浪能发电装置种类繁多,而且波浪能发电装置的研究与开发已经取得了一定的成果,但是波浪能的大规模应用仍然存在以下几个方面的问题:

(1) 可靠性低

巨浪、台风等恶劣海洋天气会造成发电装置损坏、失效或下沉。海水腐蚀性和海洋生物附着也会使发电装置失效。

（2）稳定性差

波浪能是不稳定能源,它不能定期产生,且在时刻变化。大多数波浪能发电装置为三相交流发电机,但波浪的随机性和不稳定性使得发电机输出电压的幅值、频率及相位均不稳定,导入电网会增加电压控制难度。

（3）发电效率低

波浪能发电装置需要将波浪能进行一次转换、中间转换、二次转换甚至多次转换,转换效率低下;能耗偏大、能量分散不易集中,发电效率低下。

（4）发电成本高

波浪能大规模发电的商业化面临的最大问题是发电成本过高。据计算,波浪能发电成本比常规热电高出 10 倍。由于波浪能发电装置尺寸较大,建造、布放和维修成本都较高,波浪能发电装置应用于商业的道路还很漫长。

3.2.3　温差能

海洋温差能是指表层海水与深层海水之间存在温度差而存储的海洋热量能,其能量的主要来源是蕴藏在海洋中的太阳辐射能。海洋温差能储量巨大,约占地球表面积71%的海洋是地球上天然的理想太阳能存储装置,体积约为 6×10^7 km^3 的热带海洋中的海水每天吸收的能量相当于 2.45×10^{11} 桶原油的热量。按照现有技术水平,可以转化为电力的海洋温差能大约为 10 000 TW·h/a,在多种海洋能资源中,其资源储量仅次于波浪能。

海洋温差能蕴藏丰富,既可再生,又无污染,还具有不随时间变化而相对稳定的特点。利用海洋温差能发电有望为一些地区提供大规模的稳定的电力。因此,海水温差能的利用早就引起了各国科学家的极大关注。在研究文献中,海洋热能开发或温差能发电也常常使用“海洋热能转换”(Ocean Thermal Energy Conversion,OTEC)这一术语。

1)温差能发电系统的分类

海洋温差能热电转换主要依靠热力循环系统完成,其基本原理是利用海洋表面的温海水加热低沸点工质并使之汽化以驱动汽轮机发电。温差能发电系统按照工质和流程的不同可以分为开式朗肯循环、闭式朗肯循环和混合式朗肯循环三种形式,如图 3-5 所示。

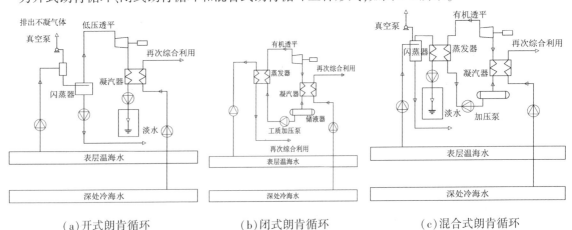

|（a）开式朗肯循环|（b）闭式朗肯循环|（c）混合式朗肯循环|

图 3-5　温差能发电系统的分类

（1）开式朗肯循环

开式朗肯循环采用表层温海水作为工质,在温海水进入真空室后,低压使之发生闪蒸,产生蒸汽;蒸汽膨胀,驱动低压汽轮机转动,产生动力,进而驱动发电机发电。做功后的蒸汽经冷海水降温冷凝,从而减小了汽轮机的背压,同时产生淡水。

其优点在于产生电力的同时还产生淡水。其缺点主要有:用海水作为工质,沸点高;汽轮机工作压力小,导致汽轮机的尺寸大;机械能损耗大;单位功率的材料使用量大。

（2）闭式朗肯循环

闭式朗肯循环的优点是工质的沸点低,在温海水的温度下可以在较高的压力下蒸发,又可以在比较低的压力下冷凝,增大了汽轮机的压差,减小了汽轮机的尺寸,降低了机械能损耗,提高了系统转换效率。其缺点是不能像开式朗肯循环一样获得淡水。

（3）混合式朗肯循环

混合式朗肯循环系统同时具有开式循环和闭式循环,其中开式循环系统在温海水闪蒸时产生不饱和水蒸气,该水蒸气穿过一个热交换器后冷凝,生成淡水;闭式循环系统侧的液态工质在水蒸气冷凝释放出来的潜热加热下发生汽化,产生不饱和蒸汽,驱动汽轮机产生动力,进而驱动发电机产生电力;做功后的该蒸汽进入另一热交换器,由冷海水降温而冷凝,减小了汽轮机的背压,冷凝后的工质被泵送至蒸发器开始下一循环。混合式朗肯循环系统综合了以上两者的优点,其既保留了开式朗肯循环获取淡水的优点,让水蒸气通过热交换器而不是大尺度的汽轮机,避免了大尺度汽轮机的机械能损耗和高昂造价,同时又采用闭式朗肯循环获取动力,效率高、机械能损耗小。

2）海洋温差能利用的技术难点

（1）发电装置的安全稳定性技术

温差能发电装置主要分为岸基式和平台式两种。海上平台式发电装置通常面临着复杂多变的海况的考验。

（2）深层冷海水的综合利用技术

温差能发电过程中的能耗大部分用于深层冷海水的提取,如何有效地管控和利用这些与表层海水在温度、盐度及矿物质浓度等方面均相差巨大的深层海水,已经成为海洋温差能发展的一个关键问题。

转换效率与多能互补随着循环形式、透平设计等不断改进,温差能发电装置效率得到了一定提高,但是目前转换效率仅为 5% ~ 10%。低效、小装机容量和相对较高的成本使得温差能缺乏与传统火电和水电竞争的能力。

海洋温差能在深远海工程中有着较大的发展潜力。在深远海工程中"就地取能,海能海用"是未来海洋温差能发展的主要方向。

虽然海洋温差能资源是一种无污染、无碳排放的绿色清洁能源,但是,其带来的环境效应仍需引起人们的重视。发电过程中将低温富营养的深层冷海水引入日照丰富的温暖表层海水,如果不对其合理利用,会直接改变浅层水体溶解的气体和矿物质浓度,造成海洋浮游生物的大量生长,从而破坏浅层生态平衡。

3.2.4　盐差能

盐差能是两种含盐浓度不同的卤水之间的化学电位差能,在自然界中主要存在于河海交接处(入海口)。与波浪能、温差能、潮汐能等一样,盐差能同为海洋可再生绿色能源的一种,蕴藏极为丰富,它可以通过半透膜以渗透压的形式表现出来。试验表明,当海水的含盐浓度约为3.5%时,通过半透膜在海水和淡水之间可以形成相当于 240 m 水头差的能量密度。将海水和淡水之间产生的盐差能转换成电能的方式,叫盐差能发电。与其他海洋能源相比,盐差能受到气候环境条件的限制更少,但是很少被开发和利用。它是一种以化学形态出现的海洋能源。

1) 盐差能发电

盐差能发电的基本原理是将不同盐浓度的海水之间的化学电位差能转换成水的势能,再利用水轮机发电,具体方式主要有渗透压法、蒸汽压法和反电渗析电池法。

(1)渗透压法

在河海交界处只要采用半透膜将海水和淡水隔开,淡水就会通过半透膜向海水一侧渗透,使海水侧的高度超过淡水侧(而该高度的水压即称为渗透压),这种水位差可以用来发电。渗透压发电装置通常可分为强力渗压发电、水压塔渗压发电和压力延滞渗压发电几种类型。渗透压式盐差能发电系统的关键技术是半透膜技术和膜与海水间的流体交换技术,技术难点是制造有足够强度、性能优良、成本适宜的半透膜。

(2)蒸汽压法

蒸汽压法发电装置由树脂玻璃、PVC 管、热交换器式汽轮机、浓盐溶液和稀盐溶液组成。由于在同样的温度下淡水比海水蒸发得快,因此海水一边的饱和蒸汽压力要比淡水一边低得多,在一个空室内蒸汽会很快从淡水上方流向海水上方并不断被海水吸收,只要装上汽轮机就可以发电了。蒸汽压发电的显著优点是不需要半透膜,这样就不存在膜的腐蚀、高成本和水的预处理等问题。但是发电过程中需要消耗大量淡水,使其应用受限。

(3)反电渗析电池法

反电渗析电池法也称浓差电池法,是目前盐差能利用中最有希望的技术。它由阴阳离子交换膜、阴阳电极、隔板、外壳、浓溶液和稀溶液等组成。阳离子渗透膜和阴离子渗透膜交替放置,中间间隔交替充以淡水和盐水,Na^+ 透过阳离子交换膜向阳极流动,Cl^- 透过阴离子交换膜向阴极流动。阳极隔室的电中性溶液通过阳极表面的氧化作用维持;阴极隔室的电中性溶液通过阴极表面的还原反应维持。由于该系统需要采用面积大而昂贵的交换膜,因此发电成本很高。不过这种离子交换膜的使用寿命长,而且即使膜破裂了也不会给整个电池带来严重影响。

2) 盐差能技术展望

渗透压法和反电渗析电池法的核心是渗透膜。目前,这两种方法发电的成本高、能量转化效率低、能量密度小。应该通过以下三个方面解决这些问题:

(1)提高单位膜面积的发电功率

采用渗透压法要研制出透水率高的渗透膜,提高膜的工作性能;采用反电渗析电池法要研制高选择性的离子渗透膜,还要有效降低装置的内电阻,减小短路电流和寄生电流等附带的能量损失。

(2)降低膜的制造成本

昂贵的膜材料是设备投资费用高的直接原因,尤其是反电渗析法需要耗费大量的膜材料。如果能降低制备膜件的成本,一定能极大地推动渗透压法和反电渗析电池法的发展。

（3）延长膜的使用寿命

延长膜的使用寿命一方面要提高膜的抗污染性能，另一方面要进行预处理和定期的清洗。

盐差能发电是一项新的绿色能源利用技术，对环境零排放、零污染、蕴藏范围广、能量密度大，工作时间长（全年可达 7 000 h），在环境污染日益严重、能源形势日益紧张的背景下具有重要的战略意义。随着高效、耐久、廉价的渗透膜的研制，盐差能发电的成本将不断降低，能效和功率密度将不断提高，相信在不久的将来盐差能发电会得到大力发展。

3.2.5 海上制氢

氢能是一种二次能源，具有来源广泛、燃烧值高、清洁无污染和可规模化发展等优点。在全球推动能源结构转向低碳化和清洁高效的发展背景下，氢能进入快速发展期。与太阳能、风能等可再生能源相比，氢能具有很强的可储存性，因此被看作未来极其理想的清洁能源。

氢气制取主要有三种途径：

①通过石油、天然气等化石燃料制取并产生碳排放的"灰氢"；

②通过化石燃料制取，同时配合碳捕捉和碳封存技术，实现碳中和的"蓝氢"；

③通过使用风能、太阳能等可再生能源发电或核电电解水产生的"绿氢"。

目前，全球 95% 以上的氢气是"灰氢"，带来了碳排放、环境污染等问题。"绿氢"可以实现 CO_2 零排放，社会接受度高，是氢气制取的重要方向。

按照氢能产业上下游行业的特点，氢能技术一般可划分为：氢的制取技术、氢的储运技术和氢的应用技术。

"海上风电+氢能"的模式为海上风电和氢能的发展提供了切实可行的思路，是能源技术领域的一次重大创新。但制约其发展的极其重要的问题是如何降低制氢的成本，同时攻克氢气输送、利用、储存安全等技术难题。

1）海上制氢技术方案

（1）方案一：电能+氢能共享输送氢气

该方案适用于离岸近、敷设海缆传输电力尚具经济性的海上风电制氢项目。其核心思想是将海上风电的电能和海上风电制取的氢气通过共享的一条脐带缆输送，即电能+氢能共享输送氢气。制氢系统集成布置于海上升压站。升压后将电能通过脐带缆中的电缆单元输送到陆上，降压后分别给平台设备和制氢设备供电，制取的氢气通过脐带缆中的管道单元输送到陆上，如图3-6所示。

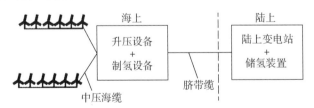

图3-6 电能+氢能共享输送氢气示意图

（2）方案二：海上制氢站+管道输送氢气

图3-7所示为"海上制氢站+管道输送氢气"的开发方案。

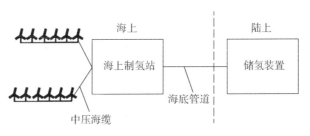

图 3-7 海上制氢站+管道输送氢气示意图

该方案适用于远海、敷设海缆传输电力已不具有经济性的海上风电制氢项目。风电场风机所发电能通过中压海缆汇集到海上制氢站,全部用来制取氢气。制取的氢气经过海底管道输送到陆上储氢装置中,供陆上使用。

(3)方案三:海上制氢站+运输船输送氢气

图 3-8 所示为"海上制氢站+运输船输送氢气"的开发方案。该方案适用于远海、敷设海缆传输电力已不具有经济性的海上风电制氢项目。风电场风机所发电能通过中压海缆汇集到海上制氢站,全部用来制取氢气,制取的氢气被充装在氢气瓶中。海上制氢站或运输船布置有吊机,氢气瓶由运输船海运至码头,供陆上使用。

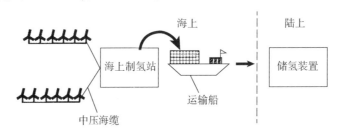

图 3-8 海上制氢站+运输船输送氢气

(4)方案四:海上制氢站+海上加氢站为船舶提供氢气

"海上制氢站+海上加氢站为船舶提供氢气"的开发方案如图 3-9 所示。船舶环境防污染和降耗减排的要求日益严苛,绿色低碳已成为船舶航运业发展的必然趋势。氢燃料动力船舶可实现船舶 CO_2 零排放。海上制氢站、海上加氢站可为未来氢动力船舶提供氢气。

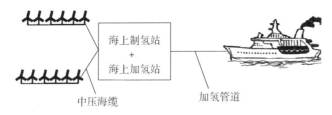

图 3-9 海上制氢站+海上加氢站为船舶提供氢气

四种技术方案对比见表 3-2。

表 3-2　不同技术方案对比

项目	方案一	方案二	方案三	方案四
可行性	√	√	√	√
成熟度	技术不成熟 原因:嵌有氢气管道的脐带缆在国内外没有工程借鉴	技术成熟 原因:类似的海洋石油、天然气管道技术成熟、可靠	技术成熟 原因:类似的海洋石油、天然气运输,技术成熟、可靠	技术不成熟 原因:海上加氢站在国内外没有工程借鉴
安全性	风险大 原因:氢气与电力并行,爆炸风险大	风险在可控范围内	风险在可控范围内	风险在可控范围内
成本	成本高 原因:海底脐带缆造价远远高于海底电缆	成本高 原因:投资成本高于海底电力电缆	成本可控	成本低 原因:氢气就地消纳,没有远距离运输成本
消纳	输送至陆上 消纳广泛	输送至陆上 消纳广泛	输送至陆上 消纳广泛	氢气消纳短期内无法解决 原因:氢动力船舶仅在国外有少量报道,研发、制造时间长

3.3　水下生产系统

采用水下生产系统的油气田开发模式可以避免建造昂贵的海上采油平台,从而节省大量建设投资,并且水下生产系统受灾害天气影响较小、可靠性强,因此其成为开采深水油气田的主要模式之一。水下生产是一个技术密集、综合性很强的海洋工程高技术领域,是当代海洋石油工程技术方面的前沿性技术之一。

水下生产系统主要包括:采油树、井口装置、基盘、管汇、跨接管、脐带缆、控制系统、水下分离器、增压泵、海水处理与回注泵等。

水下生产系统的海洋油气田开发模式主要具有以下优点:建设周期短、初始投资低;适应水深从几十米到几千米,应用范围广;利用水下完井方式可将探井、评价井转变为生产井;水下生产设备可回收利用,在降低油气田开发成本的同时还有利于海洋环境保护和海上交通航行安全。

3.3.1　水下采油树

水下采油树又被称为水下十字树、X 形树或圣诞树,其位于通向油井顶端开口处,通过连接器与水下高压井口头连接,使井筒和水下周边的环境隔离。

水下采油树的主要功能包括:通过采油树阀组、油嘴、集输管线将油气井生产的液(气)体外输;通过采油树帽/抽吸阀提供油井内修井通道;为井控装置、压力监测、气举等提供环空通道;为井下安全阀提供液压控制接口;为井下仪器、电潜泵等提供电气接口;为生产管道和控制脐带缆接口提供支撑结构。

1) 采油树的类型

按照采油树上生产主阀、生产翼阀和井下安全阀三个主要阀门的布置方式可将采油树分为立式采油树和卧式采油树。

（1）立式采油树

典型的立式采油树如图3-10所示。

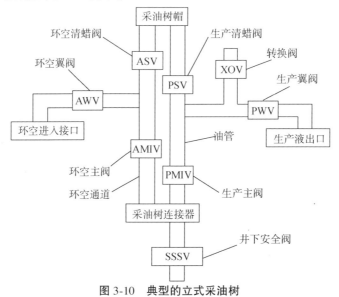

图 3-10　典型的立式采油树

其主要特点为：

①生产主阀、生产翼阀和井下安全阀安装在一条竖直线上，生产主阀位于油管悬挂器的上方；

②油管悬挂器位于水下井口内，在采油树安装之前完成油管悬挂器的安装；

③油管和环空通道垂直穿过采油树的主体。

立式采油树结构相对简单，是早期水下采油树的主要形式。立式采油树主要适用于油管尺寸较小、油气压力较高、井控复杂、修井作业少的水下油气田开发工程。

（2）卧式采油树

典型的卧式采油树如图3-11所示。

其主要特点为：

①生产主阀和生产翼阀均在采油树外侧水平方向；

②相对于立式采油树，增加了顶部堵塞器；

③油管悬挂器安装在采油树上，需在完井前把采油树安装在井口上。

水下立式采油树的主阀门垂直地放置在油管悬挂器的顶端，生产主阀、生产翼阀、井下安全阀均在一条竖直线上，而水下卧式采油树的生产主阀、生产翼阀均在采油树外侧水平方向；水下立式采油树的油管和油管悬挂器在采油树安装之前安装，而水下卧式采油树的油管和油管悬挂器在采油树安装之后安装。卧式采油树便于水下修井和回收，主要适用于中低压油气藏、需要频繁修井的场合。

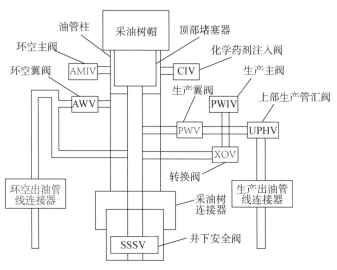

图3-11 典型的卧式采油树

2）典型案例

（1）增强型水下卧式采油树

增强型水下卧式采油树采用块化设计，具有很高的灵活性。该采油树的优点主要表现在以下几个方面：取消了内部采油树帽，顶部堵塞器转移到加长的油管悬挂器上，减少了成本且缩短了安装时间；井控和垂直进入井下的设备通过传统的海洋钻井隔水管与水下防喷器完成安装，省去了昂贵且专业的完井隔水管；大通径设计避免了在回收井下装备时干扰采油树与出油管线，控制脐带缆的外部连接；压力等级为68.97～103.45 MPa。

（2）增强型深水立式采油树

增强型深水立式采油树是一个单筒系统。它结合了立式采油树安全和可靠的特点，以及卧式采油树最低生命周期运营成本的特点。增强型深水立式采油树水深可达3 048 m，等级可达176.67 ℃以及103.45 MPa，未来可达204.44 ℃以及137.93 MPa。

该采油树的优点主要表现在：独特的接口设计，保证了完井和修井作业操作的灵活性；上部管毂连接允许BOP连接到采油树上部且不需要专业的安装和干预隔水管系统；通用接口配置允许工具的交替使用，有效减少了安装、干预或移除过程中所需的工具；油管悬挂器可以直接安装在水下井口，也可以安装在油管头四通，从而使钻井过程不需要回收水下防喷器；高达11条井下线路（通常9条液压线路和2条电气或光纤线路）；关键部件（例如油嘴和流量计）集成在一个可独立回收的模块，将生产维护停机时间从几天缩短到几个小时；压力等级为68.97～103.45 MPa。

3.3.2 水下井口

水下井口是支撑采油树以及与井口下部的流体流通的设备。

水下井口装置主要包括：套管、套管头、井口套、套管悬挂器和密封总成。水下井口装置可分为：单井水下井口和丛式水下井口两种。

（1）单井水下井口装置一般适用于作业海域海流流向沿深度分布比较一致并相对稳定的

工况,水下井口之间可以通过柔性管线相连或与总管汇相连。其优点是对井口表层套管的定位精度要求低。其缺点是水下井口之间的软管和特种液压接头的成本及安装费用较高;海流方向不稳定时易使软管缠绕造成软管和接头部位损坏;单井修井会影响其他生产;施工安装时对海况要求高、用时长。

(2)丛式井水下井口装置适用于各种海流条件,井口导向底座之间采用刚性跨接管连成一个整体,对井口和表层套管定位精度要求高。其优点是刚性跨接管接头成本远低于柔性软管和液压接头;单井修井作业不影响其他井正常生产;相对独立的软管可以单独安装和回收;能在较恶劣的海况下正常作业。

3.3.3 跨接管与水下管汇

🔷 1)跨接管

(1)跨接管的结构

海底跨接管是一种短的管状构件,可分为柔性跨接管和刚性跨接管。刚性跨接管在工程上应用较多,按形状可分为"M"形、"U"形和"Z"形,主要用于在两个结构之间输送液体,如原油等,有时也可以向油井中注入必要的气和水以便于油井通畅。海底跨接管是水下油气采集输送系统的重要一环,作为水下采油树、水下管汇之间的桥梁,在水下油气采集输送系统中起着连接与运输的关键性作用。

海底跨接管结构较简单,长度较短,一般只有几十米长,在海底不设保护层,这使得跨接管裸管极易受到海洋本身侵蚀性阴离子的影响,产生点蚀现象,影响跨接管的承载力,一旦承载力过低,就会导致跨接管因内压大于外压而爆破。需要经常对跨接管点蚀部分进行维护,以便让其长期处于可使用状态。

跨接管受海流影响较为严重,由于跨接管不与海床直接接触,而是悬在海床上方几米处,所以会受到海流冲击,产生涡激振动,导致管的失效,需要计算涡激疲劳寿命,便于及时更换。由于跨接管存在的目的是输油,海底原油一般蜡成分占比高,在输送过程中会导致跨接管内部产生结蜡现象,从而对采油工程的经济效益产生很大影响,需要及时清管,以达到经济效益的最优化。

(2)跨接管安装及在位技术

水下跨接管在安装过程中会受到施工荷载及风、浪、流等海洋环境荷载的联合作用,受力非常复杂,且安装船舶在海洋环境中的运动将直接影响水下跨接管的安装过程,因此水下跨接管在安装期间易偏离安装位置,导致安装无法顺利进行。安装刚性水下跨接管要确保水下跨接管每个安装步骤的准确性与可行性,确保水下跨接管达到强度要求,明确水下跨接管在安装过程中对起吊力的要求。

水下跨接管在位期间,会受到自重、浮力、内压、外部静水压、热膨胀力、端部位移荷载等因素的影响;同时,跨接管还会产生流致涡激振动,引起结构的疲劳破坏。水下跨接管一旦失效就极可能引起漏油事故,带来巨大的经济损失和严重的环境污染。

🔷 2)水下管汇

水下管汇是汇集和分配生产流体、气举气、注入液的水下设备。其主要功能包括:

（1）汇集各个油气井采出的生产液体并通过立管回接到浮式平台,从而减少浮式平台上立管的数量,节省平台空间;

（2）优化水下设施布局,降低管线成本;

（3）分配水下油气田所需的化学药剂,通过化学药剂管分输到各个注入井;

（4）实现水下注水注气分配;

（5）进行水下控制系统液压液分配和信号传输;

（6）为清管隔离阀三通和清管器监测仪器提供安装支撑,安装在管汇结构上的清管隔离阀三通和清管器监测仪器可简化海底管道的清管作业;

（7）在 ROV 操作过程中,为 ROV 提供一个支持平台。

水下管汇按功能不同可分为集油管汇、分配管汇和混合管汇;按其布局形式可分为丛式布局水下管汇、卫星布局水下管汇和基盘式水下管汇。其中,丛式布局水下管汇和基盘式水下管汇主要用于油藏集中和油井集中的丛式井,各个油井相对集中,可以将井口和水下管汇集中在一个永久性基盘上。而卫星布局水下管汇用于生产井井位相对分散的水下油井,各个井的产出液通过跨接管回接到该管汇系统。

3.3.4　水下基盘与水下分离设备

◈ 1）水下基盘

水下基盘是固定在海底的成套设备的底座,由一个结构框架和基座组成。水下基盘可通过吸力锚、桩、重力吸附(吸附力最大可达到 300 t)等装置固定在海床上。它可以为水下油气井定位和油气井相对位置控制提供导向,也可为水下井口和采油树(防喷器)、管汇、钻井和完井设备、管线牵引和连接设备及生产立管等提供导向和结构支撑。

水下基盘根据功能可分为四种类型:

（1）临时导向基盘/回接基盘:预钻井时可作为钻井导向装置;完井时,这些井可按顺序回接到永久导向基盘,通过采油树回接到上部依托设施。

（2）丛式井集中式管汇基盘:可在基盘上进行多口井的钻井和完井作业,管汇安装在基盘中部,用于汇集采出液、分配注入液。

（3）管汇基盘:这种基盘只用于支撑产出液或注入液管汇,单个卫星井通过挠性或刚性跨接管回接到基盘的管汇,然后通向海底管道;注入液则通过该管汇通往注水井。

（4）立管支撑基盘:可以支撑生产立管,分担立管荷载,为水下生产系统提供基础支持。

◈ 2）水下分离设备

海底采出来的油是混合物,可能含有水、气和砂。在深水高压、低温的环境下,海底管道经常出现段塞流、立管段塞和水合物堵塞等,必然要求使用水合物抑制剂,从而需要支出高昂的操作费用。

采用水下分离技术可减轻立管静压力和水面分离设备的工作荷载,减少举升动力消耗,降低井口背压;对油井产出物进行气液分离,再用单向泵进行泵送,会使单向泵有效增压和提高水力效率;在对井口产出物进行除砂处理时,可以防止泵磨损导致的泵的退化,同时也可以防止砂石堵塞分离设备。

水下油气水分离装置大致分为两种:

(1)重力式油气水分离装置:该装置利用油气水的相对密度差实现油气水的分离。通常水下重力式油气水分离装置分为两级,第一级用于气液分离,第二级用于油水分离。分离出来的水回注到地层中延长油井的自喷采油期,分离出来的油和气通过海底管道外输。

(2)离心式水下油气水分离装置:流体沿切线方向进入柱状分离装置,靠自旋产生的切向离心力实现气液快速分离,是一种水下气液高效分离系统。

3.3.5 水下增压装备

水下增压装备按照流体特性可分为水下增压泵和水下压缩机。

水下增压泵是较为成熟的水下生产工艺设备,按照工作原理不同可分为容积式和离心式。容积式基本为螺杆泵,例如,由 BP 公司安装在墨西哥湾 King 油田的水下增压泵,其水深可达1 670 m,距离 Marlin 张力腿平台 24 km,包括泵管汇和可回收的多相流泵单体,泵站由双螺杆泵和电机组成,并由吸力桩基础支撑。通过应用水下增压泵,BP 公司预计该油田产量可提高20%,采收率可提高 7%,油田的经济寿命可延长 5 年。

水下压缩机按照对生产气体是否进行处理可分为干气压缩和湿气压缩两种,其中,湿气压缩适用于气体含量超过 95%的气田,无须对气源进行处理,具备较大优势。世界上第一台水下湿气压缩机用于挪威的 Ormen Lange 气田,将井口产出的气体直接输送至 120 km 以外的陆上终端。

第4章
海洋空间利用及其装备

海洋空间资源开发是指将水面、水下和水面上空的空间资源用于交通、生产、居住和娱乐的诸多海洋开发与生产活动。传统的海洋空间资源包括海洋港口与海洋运输。新型海洋空间资源包括人工岛、海上桥梁、海上机场、海上/海底工厂、海上娱乐场、海上城市、海底隧道、海底仓库等,大型海上浮式结构物和载人潜器是较有代表性的装备。

4.1 海洋牧场

4.1.1 发展历程、现状

海洋牧场是集渔场环境工程、生物资源调控、人工繁育以及资源培育生产技术于一体的生产管理综合体系。其目的在于利用生态环境,有计划地将人工放流的经济海洋生物聚集起来,在提高某些经济品种的产量或整个海域的水产品产量的同时,确保海洋生物资源稳定和持续增长,保护海洋生态系统的稳定性和可持续发展。

海洋牧场的概念最早出现在 20 世纪 70 年代初的日本,在海洋牧场的概念出现以后,其内涵和外延被不断丰富和完善,人们对其寄予了美好的期望。日本将海洋牧场视为制度化管理海洋的未来产业,以海洋资源的可持续利用为目的,大力发展水产养殖业;韩国则在 2003 年进一步将海洋牧场的概念具体化为"在一定的海域综合设置水产资源养护的设施,人工繁殖和采捕水产资源的场所";19 世纪末西方国家进行的大量释放幼鱼,让它们在海洋环境中以天然饵料为食,待其长大后又重新将其捕获,从而增加渔业资源的数量的"海鱼孵化运动",可视为西方国家提出的海洋牧场的起源。

我国关于海洋牧场的专业性科学思想最早可追溯到 1947 年。我国海洋生物学家朱树屏率先提出"水是鱼类的牧场"的观点,倡导"种鱼与开发水上牧场"。之后,海洋牧场在我国不断发展,先后在辽宁、山东、浙江等沿海地区进行建设,并且取得了很大的成效,改善了渔业资源的短缺问题,在一定程度上缓解了环境的持续恶化。目前,已有越来越多的沿海地区将海洋牧场建设与渔业经济的恢复和环境的改善及旅游业的发展相结合,这也为沿海地区的经济带来了显著效益。

随着海洋牧场技术研发及建设实践的不断深入,人们对海洋牧场的理解也摆脱了人工鱼礁、增殖放流等传统海洋牧场的建设模式,海洋牧场作为一项系统工程,人们对其的理解也在不断深化。国际合作背景下的渔业合作不断深入,国际化海洋牧场正是推动海洋邻国间海洋资源开发的重要载体和发展途径。纵观海洋牧场的整个发展趋势,国际化海洋牧场是渔业国际合作的必由之路。

我国高度重视现代化海洋牧场的建设与发展。现代化海洋牧场是集环境保护、资源养护和渔业资源持续产出于一体,实现优质蛋白供给和维护近海生态安全的新业态。自 2017 年起,中央一号文件多次强调建设和发展现代化海洋牧场。2018 年,习近平总书记在庆祝海南建省办经济特区 30 周年大会上的讲话中指出,支持海南建设现代化海洋牧场。2021 年发布的《中华人民共和国国民经济和社会发展第十四个五年规划和 2035 年远景目标纲要》特别提出了"优化近海绿色养殖布局,建设海洋牧场,发展可持续远洋渔业"的宏伟目标。2021 年 11 月,我国发布了首个海洋牧场国家标准《海洋牧场建设技术指南》。

4.1.2　海洋牧场建设技术

◈ 1)海洋牧场生物资源评估技术

海洋牧场生物资源的监测和评估是基于电子和声学原理评估海洋牧场生物资源状况的技术。其中,探鱼仪可以获取海洋牧场部分生物的游动速度、运动方向、生物种群厚度和密度中心等渔业资源信息。

利用水下声学技术来监测渔业资源十分高效,不仅对资源没有破坏性,而且不存在光学相关技术中光波传播距离短的问题。

在我国南海,研究者可借助生物学拖网采样技术,利用相关软件(如 Echoview)对声学数据进行分析与处理,结合渔业资源拖网数据,对生物资源量进行评估。此外,基于声学影像分析和渔业资源调查结果对海洋牧场渔业资源进行评估的方法,可验证声学方法在海洋牧场渔业资源评估中的效果。

◈ 2)海洋牧场生物增殖技术

海洋牧场生物增殖技术是指使用放流、底播、移植等人工方式向海洋牧场投放海洋生物资源关键种亲体、种苗等水生生物以增加其资源量,充盈其自然种群。

海洋牧场牧化品种增殖放流的相关技术有:

(1)适宜性品种筛选技术;

(2)最适放流规格和数量技术;

(3)鱼虾苗种中间培育技术;

(4)标志放流技术。

目前,我国已经建立起南海生态增殖型、东海聚鱼增殖型和黄海海珍品增殖型海洋牧场配套技术模式,以及海洋牧场立体最佳增殖技术模式,以此助力我国海洋牧场的建设。

◈ 3)海洋牧场对象物种驯化控制技术

对象物种驯化控制技术是以行为学理论为基础,利用高科技手段,建立对象生物行为驯化系统,从声、光、电、磁与鱼礁和饵料等物理、生物角度驯化对象生物,使其从出生到捕获始终受到有效的行为控制。在南海,放流物种行为控制技术主要以音响驯化结合饵料投喂的方式,研发鱼虾"声频-饵诱"驯化控制技术,成效显著;研发海上全自动音响驯化新设备,并结合海上现场试验的方法,研发网捕、潜采、游钓等采捕技术,可以提高产出效率;开展气泡幕拦截技术试验研究,能够确定具有最佳拦截效果的气泡幕密度。

4) 人工鱼礁水动力特性技术

在波、流的作用下,人工鱼礁的水动力特性不仅影响着周围的海水流场效应,而且影响着自身的稳定性。通过长时间放置,人工鱼礁的水动力特性会对礁体周围的化学、生态环境产生巨大影响,因此研究人工鱼礁的水动力特性是发展人工鱼礁的关键。

在人工鱼礁稳定性的研究方面,一般通过理论计算、风洞试验、数值模拟等获得人工鱼礁的最大受力、抗漂移系数、抗倾覆系数等参数来进行人工鱼礁稳定性的判断。

5) 海洋牧场监测技术

海洋牧场监测技术是指通过设置海洋环境监测站点,使用联网和无线发射等技术手段,建立针对海水环境关键因子的自动监测和预警预报系统,及时获取海洋牧场环境变化的信息,以避免生态系统的崩溃和突发性的灾害发生。总体上,我国海洋牧场自动化监控系统多在特定海域进行试验,产业化应用较少。

4.1.3　海洋牧场与海上风电融合发展

海洋牧场与海上风电作为海洋经济的重要组成部分,在提供优质蛋白和清洁能源,改善国民膳食结构和促进能源结构调整,推动供给侧结构性改革和新旧动能转换等方面具有重要意义。海洋牧场与海上风电融合发展是集约、节约用海的重要新型产业模式,也是未来发展方向。

1) 海上风电对资源环境的影响

海上风电建设对海洋资源与环境的影响较弱。有研究结果表明,在风电建设期间,鳕鱼、鲱鱼、海豚和海豹可探测到 80 km 内打桩产生的噪声,在 20 km 内噪声可能对其行为产生一定影响。但是,施工期产生的海洋环境改变是局部的、暂时的,随着工程施工的结束,噪声影响会逐步减小,并逐渐恢复到平衡状态。

在海上风电运行期间,风机运行所产生的噪声可被 4 km 以内的鳕鱼和鲱鱼与 1 km 以内的鲽鱼和鲑鱼感知到,风电场噪声可能对鱼类行为和生理状态产生一定影响,但会局限在非常近的距离范围内。以荷兰的某海上风电场为例,研究人员以底栖生物、鱼类、鸟类和海洋哺乳动物多样性为评价对象,通过两年实地调查研究发现,该海上风电场已经成为生物群落的一个新的栖息地,甚至增加了生物多样性。

2) 海洋牧场与海上风电融合发展的必要性

海洋牧场与海上风电融合发展得到高度重视。海洋牧场与海上风电融合发展可以构建市场导向的绿色技术创新体系,发展绿色金融,壮大节能环保产业、清洁能源产业;推进能源生产和消费革命,构建清洁低碳、安全、高效的能源一体化体系;提高海洋资源开发能力,推动海洋经济向质量效益型转变;保护海洋生态环境,推动海洋开发方式向循环利用型转变;坚持集约、节约用海,提高海域资源使用效率。

现代化海洋牧场建设技术体系亟待完善。海洋牧场是当前实现海洋环境保护和渔业资源高效产出的新业态,是推动渔业开发、海洋生态保护、海洋生境修复与海洋生物资源可持续利用协调发展的重要举措。但根据相关企业的调研结果,目前在海洋牧场生产实践中出现了一些"卡脖子"问题:①因海洋牧场内存在"供电难、供电不足"的现状,大型现代化牧场增养殖设备、资源环境监测设施等无法使用、维持,导致海洋牧场生产过程中普遍存在增养殖效率低、捕捞效率低、劳动强度大、危险系数高等综合性难题。②因海洋牧场内海洋空间开发不足,目前仅水下部分空间通过增养殖得到开发,而水上空间无法得到有效利用。因此,伴随着我国海洋牧场产业规模日益扩大,以海上供电难、立体开发技术模式缺乏为核心的现代化海洋牧场建设技术体系落后问题已经成为制约海洋牧场产业升级的关键技术瓶颈,成为当前极其突出和急需解决的问题。

海洋牧场与海上风电融合发展是现代高效农业和新能源产业跨界融合发展的典型案例,是综合利用海洋空间创新思路的具体体现。通过集约、节约使用有限海洋空间,统筹海洋渔业资源开发,建设现代化海洋牧场,开创水下产出绿色产品、水上产出清洁能源的新局面,探索出一个可复制、可推广的海域资源集约生态化开发的"海上粮仓+蓝色能源"新模式。

3) 我国海洋牧场与海上风电融合发展的理念与机制

根据我国海洋牧场与海上风电产业特征以及技术限制的瓶颈,海洋牧场与海上风电融合发展的理念与机制主要包括三个方面的内容:

(1) 空间融合

水上与水下、海面与海底空间立体开发,综合利用海面风能与海洋生物资源,可实现清洁发电与无公害渔业产品生产空间融合。融合路径为:利用海上风机的稳固性,将牧场平台、休闲垂钓载体、海上救助平台、智能化网箱、贝类筏架、藻类筏架、海珍品礁、集鱼礁、产卵礁等与风机基础相融合,降低牧场运维成本、增大经济生物养殖容量,从而实现海域空间资源的集约高效利用。

(2) 结构融合

通过建设增殖型风机基础,实现风电底桩与人工鱼礁构型有机融合,进而达到资源养护和环境修复的功能融合。融合路径为:以单桩式风机底桩为基础,结合生态型牡蛎壳海珍品礁、多层板式集鱼礁、抗风浪藻类绳式礁等,打造新型海上风电-人工鱼礁融合构型,提高海上风电场建设区域初级生产力,实现底播型海珍品与恋礁性鱼类生态增殖,进一步保障建设区域关键生态种繁殖、产卵、仔稚鱼发育,维护建设区域食物网稳定,从而实现生境养护、高值海珍品增殖、关键生态种保护与清洁能源产出的多元目标。

(3) 功能融合

综合考虑渔业生产和海上风力发电的季节性特点,通过建立海上智能微网,保障海洋牧场电力长久持续供应;在季节性渔业生产高峰期,将海上风电直接应用于海洋牧场平台、增养殖设施、资源环境监测设施、捕捞设施等,提高牧场生产效率,提高海洋牧场对赤潮、绿潮、高温、低氧以及台风等环境灾害的抵御能力,保障牧场生态与生产安全;在海上风力发电高峰期,将清洁风电并入建设区域电网,减小火电压力、减轻环境污染、保障居民生产生活,进而实现兼顾清洁能源产出与渔业资源持续开发的周年绿色生产新模式。通过海洋空间利用模式融合、结构融合与渔业周年生产模式融合,打造"海上风电功能圈",实现现代化海洋牧场产业与清洁能源产业双赢升级。

4.2 长距离跨海桥梁隧道

跨海大桥是跨越海湾、海峡、深海、入海口或其他海洋水域的桥梁,一般有较大的跨度和较长的线路,短则几千米,长则几十千米。由于大桥深入海洋环境,自然条件复杂恶劣,所以跨海大桥能体现桥梁工程的顶级技术。

4.2.1 跨海桥梁

1)国外典型跨海桥梁

跨海桥梁从 20 世纪 30 年代初的美国金门大桥开始,早期的美国跨海大桥一般多采用气压沉箱基础。例如,1936 年建成的美国旧金山-奥克兰海湾大桥在水深 32 m、覆盖层厚 54.7 m 的条件下,采用 60 m×28 m 的浮运沉井,在定位后射水、吸泥下沉,基础入土深度达 73.28 m。

在丹麦,其悠久的建桥历史也可以折射出世界桥梁的发展过程。1935 年,丹麦小海带桥在水深达 30 m 的条件下,采用了 43.5 m×22 m 的钢筋混凝土沉箱,穿透了细密、均匀、坚硬的深层黏土,基础深度达 39 m。1998 年建成的跨度为 1 624 m 的大海带桥主塔墩基础采用了重 32 000 t 的设置基础。2000 年建成的连接丹麦与瑞典的厄勒海峡大桥,主塔墩基础长 37 m、宽 35 m、高 22.5 m,自重 20 000 t;51 个引桥墩的设置基础采用了整体预制和现场拼装的方案。

2)我国典型跨海桥梁

港珠澳大桥、舟山跨海大桥、胶州湾跨海大桥、杭州湾跨海大桥和东海大桥是我国比较有代表意义的跨海桥梁。港珠澳大桥是连接香港、珠海与澳门,全长 55 km,耗资 1 269 亿元打造的中国最长的跨海大桥,于 2019 年获得中国建设工程鲁班奖。港珠澳大桥主体工程的三座通航孔桥(九洲航道桥、江海直达船航道桥、青州航道桥)的桩基均为 2.5 m 钢管复合桩+2.2 m 钻孔桩。舟山跨海大桥又被称为舟山大陆连岛工程,与宁波绕城高速公路和杭州湾大桥相连接,跨越四座岛屿,穿越两个隧道,是我国典型的长距离跨海大桥。胶州湾跨海大桥连接着青岛市黄岛区、城阳区、李沧区和胶州市,是位于胶州湾之上的山东省省级高速公路网的重要组成部分。杭州湾跨海大桥位于杭州湾海域之上,连接着嘉兴市和宁波市,是浙江省东北部城市快速路的重要组成部分。

2005 年竣工的东海大桥是我国第一座真正意义上的外海桥梁,全长 32.5 km。其中,主墩基础为桩径 2.5 m、桩长 110 m 的钻孔桩,为了缩短水上平台搭建时间,充分发挥临时结构的各自优势,主墩采用了蜂窝式钢浮箱+导管架生产生活区平台的组合式施工方法。主梁为钢箱+混凝土顶板的结合梁,在预制场完成钢梁制作及顶板混凝土的浇筑后由运输船拖至墩位,其中主塔附近节段主梁由 1 000 t 浮吊安装,其余节段及合龙段均由 400 t 桥面吊机安装。辅通航孔桥的桩基采用海上平台施工方式,四孔连续梁采用悬臂浇筑法(又称挂篮法)节段浇筑。非通航孔浅水区基础采用长栈桥配支栈桥施工钻孔桩,连续梁采用造桥机整孔浇筑;深海区非通航孔桥长 20 km,基础为斜钢管群桩,由打桩船施打,承台采用预制混凝土套箱施工。

3) 海洋深水基础建造技术

（1）基础设置技术

跨海桥梁设置基础具有体积重量大、基础面积大、承载力强、刚度大、抗船撞、抗震能力强等优点，特别适用于地质条件复杂的深水环境。随着跨海桥梁向大跨、深水及重载发展，设置基础平面尺寸可达 100 m×100 m，重量可达十几万吨，这样对施工设备的要求会很高，因此，必须从选择制造加工场地、研发重型装备（起吊、安装、浮运等）和特殊装备（深水地下挖掘、整平等）的技术可行性和可靠性出发，深入研究水下工程无人化施工和智能化装备，其中重点研究内容包括：①更大的船坞尺寸、更高的吊装设备性能、更强的船坞地基承载力等，尤其是重点研究和制定设置基础的整体下水出坞措施；②助浮措施减小基础吃水深度，从而减小拖运力，首选对无底多隔舱的结构物在浮运中的水流阻力计算方法做模拟及验证分析，针对海洋区域风大、浪高、流急等复杂海况，需要对远距离浮运过程中的稳定性进行研究；③定性和定量评估波浪力对设置基础及定位结构产生的影响机理等理论尚不完善，应进行模拟、分析和开展试验研究；④墩位处精确定位所需锚泊力较大，着床后对基础的处理是难点，应对锚碇形式、着床控制、基底处理等做进一步研究。

（2）沉井施工技术

沉井的制造及运输采用"船坞内整体制造、整体出坞浮运"的方法。钢制沉井在工厂内分节加工制造，在工厂船坞内完成沉井整体拼装。钢制沉井采取助浮措施浮运出坞，利用拖船浮运到桥位进行定位。海上桥梁沉井基础尺寸一般较大，如果采用整体预制（混凝土沉井），目前的机械设备都不可能直接吊装；如果采用先沉井后灌注砼的方法，其后续水上混凝土的施工方量巨大，动用的大型水上混凝土搅拌船较多，施工周期长，作业风险大；如果采用分段施工，接缝的安装设计是工程中要面临的重大技术挑战。

沉井施工技术面临的技术难点主要有以下两个方面的内容：

①沉井制造、浮运技术，一般大型沉井在桥位附近制造，以降低远距离浮运的风险。沉井井壁建议采用预制拼装，由大型浮吊分块吊装后现场浇湿接缝。

②沉井下沉以水力吸泥机和空气吸泥机为主，成本较低，但是，沉井主动下沉和远程控制等技术尚不成熟。

（3）大直径钢桩施工技术

对于覆盖层较厚的海上桥梁，采用大直径钢桩是桥梁基础的重要发展结构形式之一。钢桩插打主要有两种方式：①固定导向架+冲击锤插打；②打桩船插打。

（4）智能化施工技术

研究智能化施工技术是现代桥梁智慧建造的重要手段。通过智能工装集中、施工监测监控、标准化施工等融合，建筑信息模型（BIM）可用事前结合工期计划的虚拟推演验证方案的可行性，优化施工顺序和资源配置，确保方案安全、合理、经济。施工中将主体及施工结构用 BIM 建模，在实景模型上布置项目驻地、桥位施工区、生产车间等，形象直观地展现项目整体部署，在办公区就可实时监控现场操作和施工质量。

我国海上桥梁的建造技术和相关装备还将面临诸多挑战，为提高海上桥梁施工效率，保证施工安全和质量，未来海洋桥梁建造将向大直径钢桩、沉井沉箱、设置基础、大节段或整孔钢梁等施工大型化和装配化的方向发展，伴随着智能建造将会迎来海洋桥梁工程施工技术发展的新时代。

4.2.2 跨海浮桥

1) 长距离跨海浮桥的必要性

连岛跨海大桥是实现基础设施互联互通的关键工程之一,在峡湾或宽而深的海峡上建设跨海大桥面临着巨大的技术和工程挑战。在欧洲、北美和东南亚,特别是在挪威和菲律宾等国家的周边海域,岛屿间以及岛屿与大陆间有许多宽广而深邃的峡湾或海峡,这些峡湾或海峡的水深达数百米甚至上千米,宽度少则数千米,多则数十千米,以现有的常规大跨径桥型技术是无法做到跨越这些水域的,采用传统的跨海大桥技术难以或根本无法解决这些峡湾或海峡的横渡问题。

应运而生的浮筒式支撑的浮桥结构使得横跨宽广深邃的峡湾或海峡成为可能,但现有的浮桥资料非常有限。因此,加快开展浮式跨海大桥关键设计技术的研究,对填补我国在该技术领域的空白,提高跨越宽广深邃的峡湾或海峡的能力,满足当前基础设施建设过程中陆地与岛屿及沿海岛屿间互联互通的需求,是非常有必要的。

我国是岛屿众多的海洋大国,这些岛屿是壮大海洋经济和扩大发展空间的重要依托,也是捍卫国家海洋权益和保障海上安全的重要载体。这就迫切地要求我们必须加快岛屿间和岛屿与陆地间的互联互通,进一步提升海洋经济的发展速度。而建设跨海大桥是解决岛屿间和岛屿与陆地间互联互通的有效途径。

2) 跨海浮桥发展历程

浮桥已有数千年的历史,它长期被用作临时补给或军事战备的关键连接装备。与包括斜拉桥和悬索桥在内的陆上桥梁相比,浮桥可供参考的资料十分有限,尤其是关于浮桥的施工记录、环境条件、耐久性、运行和性能方面的资料相对较少。

传统桥梁工程规范并不能直接用于海上浮桥工程。拥有经过验证的浮桥设计规范有利于减少规划阶段的工作量和增强浮桥潜在的经济优势。在已建成的浮桥中,只有少数几座浮桥的上部结构是依靠离散分布的浮筒来支撑的,其余的浮桥大都是基于连续浮筒箱梁来承载的。大多数浮桥通过侧面系泊来提供其附加刚度,比如,挪威的 Bergsøysund 大桥和 Nordhordland 大桥依靠离散分布的浮筒来支撑其上部结构。

众所周知,浮桥在现代基础设施中占有的比例较低,部分原因是人们对于浮桥跨度增大而引起的不确定性认识非常有限。现有最长的浮桥通过系泊于海底来固定,并依靠连续的浮筒支撑其上部结构,这是在水深不是太大的海域中跨海横渡的解决方案。然而,在许多情况下,非连续布置浮筒方案更加可行。对于深海海峡,如峡湾,加入锚碇除了会增大工程难度外,还会增加成本,不具有可行性。

海洋波流作用对浮桥的动力特性有很大影响。此外,浮桥节间的连接器相互作用对浮桥动力特性也有很大影响。考虑浮桥节间连接器的影响,常采用多体结构和流体动力相互作用理论。对于浮桥模块节间的铰接连接器,可采用铰链-刚体模型来表达模块和连接器中剪力荷载之间的相互传递。另外,在理论分析中,浮桥节间的连接也可以视为柔性梁。应用势流理论和非线性有限元法,可以建立考虑模块节间非线性连接及荷载惯性影响的浮桥水弹性响应模型,并进行水弹性响应分析。

对浮桥的研究大多集中在波浪荷载作用下的动力响应预测。对于特定海域并受实际非规则波作用的浮桥,传统的谱分析法显然并不适用,应当采用先进的流体动力学理论。浮桥结构的设计必须考虑非规则波作用下非线性弯矩分布带来的实际复杂受力问题,这是一个极具挑战的关键性问题。

🔷 3)海上浮桥技术的研究

目前对浮桥技术的研究主要集中在如何发展更能真实反映浮桥响应特性的模型理论。而这些研究大多基于势流理论方法,已假定了波浪和支撑浮桥浮筒间非线性相互作用很小,也不考虑波浪破碎和越浪的影响,从而无法获得精确的数值结果。边界层分离、湍流、波浪破碎和越浪的黏性影响对精确预测浮桥结构水动力特性非常重要,而势流理论方法无法捕捉到这些影响,这就需要采用更先进的数学模型方法,如基于 Navier-Stokes 方程的方法。

尽管大型桥梁在某些振动下的误差高达 10%~20%,但这些桥梁的固有频率误差(更新前)通常在 0~5%。以往研究证明,使用简单模型更新技术可以获得大型有限元模型的显著改进。虽然斜拉桥和悬索桥的模型更新有很好的文献记载,但还没有将模型更新技术应用于浮桥上的尝试。在很大程度上讲,大型浮桥的研究是一个尚未开发的领域,因为很少有这样已经建成的结构。

大跨度的长度加上非传统的设计理念,对海上浮桥设计提出了全新挑战。要想安全地设计和建造这种类型的桥梁,需要对浮式桥梁的动态特性有深入且全面的了解。浮桥的动力特性不仅取决于结构振动,还取决于海洋环境荷载与桥梁结构之间的耦合,这意味着浮桥与传统的结构相比,会有更大的模型不确定性。

4.2.3 海底隧道

海底隧道一般分为海底表面隧道和海底地层之下隧道两种类型,建筑方法也不相同。海底隧道不妨碍水上船舶航行,不受大风、大雾等气象条件的影响。世界上著名的海底隧道有日本青函隧道和英吉利海峡隧道等。

隧道对恶劣气候条件的抵抗能力逐渐增强,对环境造成的影响逐渐减小,战备功能有所提升,已经慢慢得到了人们的重视。

海底隧道设计施工的技术特点有:①深水海洋地质勘探技术难度大,投入成本高,勘探过程中出现失真风险很大;②在高渗透性施工岩体开挖过程中,突然喷水的概率非常大,精确探水与治水的难度很大;③海上竖井施工难度大,相应技术要求很高。

海底隧道的开凿主要有四种工法:沉管法、钻爆法、掘进机法、盾构法。

(1)沉管法

沉管法是在水底建筑隧道的一种施工方法。沉管隧道就是将若干个预制段分别浮运到海面现场,并一个接一个地沉放安装在已疏浚好的基槽内,以此方法修建的水下隧道。香港多条海底隧道采用沉管法施工。采用沉管法修建海底隧道是目前世界上较为成熟的方法。该方法具有如下优点:

①容易保证隧道施工质量。因为管段为预制,混凝土施工质量高,易于做好防水措施;管段较长,接缝很少,漏水机会大为减少,而且采用水力压接法可以实现接缝不漏水。

②工程造价较低。因为海底表面挖土单价比海底底层挖土单价低,又因为采用沉管法修建的隧道顶部覆盖层厚度可以很小,隧道长度相对较短,工程总价明显降低。

③在隧道现场的施工期较短。因为预制管段(包括修筑临时干坞)等大量工作均不在现场进行。

④操作条件好,施工安全。因为除极少量水下作业外,基本上无地下作业,更不用气压作业。

⑤适用水深范围较大。因为大多数作业在水上进行,水下作业极少,所以几乎不受水深限制。

⑥断面形状、大小可自由选择,断面空间可充分利用。大型矩形断面的管段可容纳4~8车道。

但是沉管法具有如下缺点:

①由于基槽开挖范围较大,对海域生态环境影响较大。

②大水深、大跨度条件下结构设计困难。

③当基础软硬变化频繁时,基础处理及结构的抗震都存在一定难度。

(2)钻爆法

钻爆法是主要用钻眼爆破方法开挖断面来修筑隧道及地下工程的施工方法。用钻爆法施工时,将整个断面分部开挖至设计轮廓,并随之修筑衬砌。我国目前已建和在建的海底隧道中,厦门翔安海底隧道、青岛胶州湾海底隧道、厦门海沧海底隧道均采用钻爆法施工。

采用钻爆法修建海底隧道具有以下优点:

①适合各种地形条件。采用钻爆法修建海底隧道,一般要求隧道大部分地段特别是海底部分位于岩石地层之中。由于钻爆法设计施工经验较为成熟,因此其可以适应不同的地质条件变化。

②施工对环境影响小,不影响水面通航。采用钻爆法修建海底隧道不仅是对自然环境影响最小的建设方案,也是对周边生产生活影响最小的建设方案。

③能较好地抵御各种自然灾害及战争灾害。采用钻爆法修建的隧道不仅在运营后很少受气象条件影响,能保持连续通行,而且由于埋置深度大,在地震及战争时期具备较强的生命力。

钻爆法存在以下缺点:

①隧道埋置较深。一般要求隧道位于岩石地层中,且洞顶应该具有一定的岩石保护层厚度,该厚度与岩体强度、破碎程度及隧道开挖跨度有关。

②施工风险较高。当围岩节理裂涨发育、断层破碎带较多时,各种辅助施工及处治措施的费用会急剧增加,同时施工风险会大幅度提高。

③严重依赖超前地质预报和地质勘察的准确性。巨大的隧道和海域中的高水压断层破碎等,均会加大地质勘察与预报的难度,给钻爆法施工带来巨大挑战。尽管目前钻爆技术有了很大进步,但是仍不宜将其作为修建跨海峡海底隧道的最优方法。

(3)掘进机法

掘进机法是挖掘隧道、巷道及其他地下空间的一种方法,简称 TBM 法,是用特制的大型切削设备,将岩石剪切挤压破碎,然后通过配套的运输设备将碎石运出。连接英国及法国的英吉利海峡隧道就是采用掘进机法开挖的。TBM 法施工与传统钻爆法最大的不同,就在于 TBM 法是连续性的"工厂化"生产,它推动了施工技术的进步。

通过对国内外众多海底隧道设计与施工情况的分析可知,TBM法在修建海底隧道中主要有以下优点:

①快速。其施工速率为常规钻爆法的3~10倍。它是一种集机、电、液压、传感、信息技术于一体的隧道施工方法,可以实现连续掘进,能同时完成破岩、出渣、支持保护等作业,实现工厂化施工,掘进速度较快,效率较高。

②优质。用TBM法施工,改善了作业人员的洞内劳动条件,减少了其体力劳动量,施工质量能够得到充分保证。TBM法采用滚刀进行破岩,避免了爆破作业,成洞周围岩层不会受爆破震动而遭到破坏,洞壁完整光滑,开挖量小。

③高效。TBM法施工速度快,缩短了工期,大大提高了经济效益和社会效益;同时由于开挖量小,节省了大量衬砌费用。采用TBM法施工用人少,降低了劳动强度,减少了材料消耗。

④安全。避免了爆破施工可能造成的人员伤亡,事故大大减少。对围岩的扰动小,几乎没有松弛、掉块、崩塌的危险,比较安全。例如,采用TBM法施工的长约51 km的英吉利海峡隧道发生事故死亡10人;而采用钻爆法施工的日本青函隧道长约54 km,长度与英吉利海峡隧道相近,其事故死亡达34人。

⑤环保。采用TBM法施工不用炸药爆破,施工现场环境污染小。

采用TBM法修建海底隧道的缺点主要包括:

①地质适应性较差。掘进机对隧道的地层极为敏感,不同类型的掘进机适用的地层不同。在掘进机施工过程中,当遇到困难地层(如软弱地层、断层破碎带、岩爆、涌水、围岩变形等)时需借助钻爆法脱困。

②不适宜中短距离隧道的施工。由于掘进机体积庞大,运输移动较困难,施工准备和辅助施工的配套系统较复杂,加工制造工期长,修建短隧道和中长隧道很难发挥其优越性。国外的实践表明,当隧道长度与直径之比大于600时,采用TBM法施工是比较经济的。

③断面适应性较差。一般来说,较适宜采用TBM法施工的隧道断面直径为3~12 m;对于直径为12~15 m的隧道,应根据围岩情况和掘进长度、外界条件等因素综合比较;对于直径大于15 m的岩石隧道,目前还未制造相应的掘进机。

一般认为,修建长度小于10 km的隧道难以发挥TBM法的优越性,此时钻爆法更经济。对于修建长度为10~20 km的特长隧道,可以对TBM法和钻爆法施工进行经济技术比较,选择适宜的施工方法。对于修建长度大于20 km的特长隧道,则宜优先采用TBM法施工。因此,对于较长距离的跨海峡海底隧道,一般优先考虑TBM法,只有在TBM法不适宜时才考虑钻爆法。

(4)盾构法

盾构法是暗挖法施工中的一种全机械化施工方法。它是将盾构机在地中推进,通过盾构外壳和管片支承四周围岩防止发生向隧道内的坍塌,同时在开挖面前方用切削装置进行土体开挖,通过出土机械运出洞外,靠千斤顶在后部加压顶进,并拼装预制混凝土管片,形成隧道结构的一种机械化施工方法。日本东京湾海底隧道采用的就是盾构法。

海底隧道修建过程中使用盾构法优势明显。使用现代化的生产方式,具有更快的速度与更高的效率;施工过程中通风问题更加易于解决,同时能够完成长距离独头掘进操作;进洞工作人员有较好的工作环境,安全性较高;隧道管片和防水体系使用工厂化预制方案,进行机械化拼装操作,有更稳定的质量保证。另外,此方法与钻爆法相比,对隧道开挖深度要求更低,所以能够大大缩短路线长度。除此之外,盾构法掘进技术还有较大的发展空间,设备的性能日趋完善,适用范围越来越广。

但是,盾构法掘进技术的不足之处也非常明显。比如:建设的隧道断面形式与线型的受限程度明显,缺乏灵活度,曲线的半径需要在一定的大范围之内;掘进过程中,刀具更换与刀具修整较为频繁,操作工艺复杂度较高,操作难度系数较大。

总之,盾构法掘进技术在特长海湾或者海峡隧道的建设过程中具有无法取代的鲜明优势。结合工程实际情况,我国需要大力扩大盾构掘进机的使用范围,只要是可以选择盾构法修筑的工程,就应优先选择盾构法进行施工。

4.3 深海空间站

深海空间站,又称深海工作站,是一种不受海面恶劣风浪环境制约,可长周期、全天候在深海海域直接操控与作业的水下空间装置,是进行水下工程作业、资源探测与开发、海洋科学研究的载人深海运载装备。就像太空空间站是航天领域的核心技术一样,深海空间站代表着海洋领域的前沿核心技术,是一个国家的科技水平和经济实力的具体体现。

4.3.1 深海空间站建设的意义

深海空间站的用途主要包括三个方面:军事、科学研究和民用搭载。在军事领域可以实现空间隐蔽和全天候的作业;在科学研究领域,综合治海,成为海洋科学研究的水下平台;在民用搭载领域,可以作为深水水下维修、检测和作业的搭载或支持平台。

发展深海空间站的中心任务是把海洋安全和海洋经济紧密地结合在一起,通过以"深海空间站"与"深远海极大型水面基地"为主,以"水面探测与保障船"与"水下作业潜器与装具"为辅,构成"两主两辅"深远海装备的建设,具备统筹军民需求、达到世界先进水平的深远海运载、作业和保障能力。深海空间站操控其携带的各类水下作业潜器与装具完成深海作业任务,其内涵会随需求不断发展和充实。进行深海空间站工程建设有利于我国在深海领域经济建设和国防建设中打开一个新局面。

建设深海空间站的意义主要体现在两个方面:

①有利于提升深海资源开发能力、跨越发展深海作业能力与装备水平

世界海洋油气开发正加速向着深海海域延伸,而油气生产系统也正快速从水面(干式)向水下与海底(湿式)转移,以应对浮式系统面临的极恶劣环境条件、诸多潜在风险及高建造成本的挑战。尤其是对蕴藏深度在 3 000 m 的可燃冰的开采,水下供能问题是关键。俄罗斯正在研究和开发用于水下钻井的核动力深海空间站,排水量达 23 000 t,最大钻井深度为 6 000 m。我国对深海资源水下生产和作业装备技术的研究起步较晚,抢占 21 世纪深海油气与可燃冰资源开发及深海应急事故处理的前沿技术高地,跨越发展深海空间站技术,对我国能源安全有重要的战略意义。

②有利于发展深海前沿科学与技术

世界上大量前沿科学与技术研究需要在海洋中进行,深海探测是 21 世纪海洋科学研究的前沿和热点领域。深海载人潜器及小、中、大型深海空间站已成为世界上进入深海布设与维修

水下探测网络装置,从事前沿科学研究的新型装备。日本正在研制潜深从 500 m 到 2 000 m 的深海空间站及潜深从 4 000 m 到 11 000 m 的小型载人深潜器。我国已研制成功达到世界领先水平的最大潜深为 7 000 m 的"蛟龙号"载人深潜器。为进一步延长水下作业时间、提高能源动力和作业能力,以满足"海底深潜、海底观测和深海钻探"三大主要方向的海洋科学研究需要,有必要在"蛟龙号"的基础上,发展深海空间站技术,分阶段来研制小、中、大型深海空间站。

4.3.2　深海空间站组成部分及关键技术

深海空间站承受的超高压环境,以及它与海床、海水、海流的相互作用和影响使得深海空间站的设计和建造在某种意义上比太空空间站的设计和建造更为复杂、更加困难,给科技界和工程界提出了许多极具挑战性的课题。这里我们就深海空间站各组成部分的设计思路、设计难点和关键技术做简要介绍。

1) 水面支撑系统

水面支撑系统可由深水平台或浮式结构组成,其主要功能是提供水面支持,并实现水上和水下的物质传输和信息传输。深水平台或浮式结构的基本设计思路是参考和借鉴各类深水平台设计建造技术。目前我国需要尽快掌握深水平台的设计建造等技术;同时应该注意到用于深海空间站的深水平台与常规深水平台的主要功能有所不同,前者必须满足深海空间站水面上下单元之间的人员、物质供给以及紧急救援和水下各个单元的动态监控,后者仅仅是生产支持系统。

深海空间站的深水平台设计的关键技术主要包括:
①与水下干式工作区域之间的连接模式;
②紧急求救、救援的方式和方法;
③用于深海空间站的深水平台设计、建造和安装技术。

2) 水下驻留区

水下驻留区的主要功能是扩大操作人员的驻留空间和生活空间。鉴于载人潜水器和核潜艇的相关技术已基本成熟,设计水下驻留区时可借用这些技术。

但深海空间站的水下驻留区与载人潜水器在工作长期性和安装模式等方面有较大差异,需要采用不同的操作规范和安全准则。

设计时需要考虑的关键问题有:
①水下宾馆区生存环境的维护;
②水下安全预警系统及紧急救援措施;
③与上部支持系统、水下其他系统内人员和系统的对接;
④系统的定位、迁移与安装。

3) 水下电力供应模块

水下电力供应可采用"水面供电+水下输配电"和"水下电站+水下输配电"两种模式。水面供电需要大功率的电源、电力输送系统和水上水下电路传送系统,系统极为复杂和庞大,使用起来极不方便。

水下电站的模式较为便捷。根据目前的技术发展,利用核电站或核潜艇供电技术比较可靠。当然,充分利用海洋资源的发电方式,如温差能发电、水下波浪能发电等,也是可供选择的方式。由于深海空间站的能耗远大于核潜艇,因此需要研发小规模、大功率核能发电技术。同时还需研发水下湿式变压器、变频器技术和高压湿式电接头技术。

水下电力供应的关键技术包括:

①水下核电站、水下波浪能站技术;
②水下核电站的安全技术;
③海洋能源的综合利用技术;
④水下高压湿式输配电技术;
⑤水下变压器、变频器研制技术;
⑥海底高压电力传输中的高压磁饱和、谐波技术;
⑦水下高压湿式电接头技术;
⑧特殊用途的复合电缆研发技术。

4) 水下生产设施

水下生产设施的任务是实现水下的工业生产。以天然气水合物为例,其开采可借鉴常规的深海天然气田的水下生产设备,但设计时需考虑到被开采物的矿藏特性、开采特性、储存特性、输送特性等,实现开发过程的合理、高效、可靠、可控。与水下生产设施相关的技术包括:

①将天然气水合物的开采技术和水下设备高度集成的水下生产装置的设计、制造技术;
②天然气水合物藏上方水下设施的安装及固定技术;
③水下增压气站及油气处理技术;
④水下生产设备及集输系统中水合物的生成控制技术;
⑤水合物的输送、储存新技术。

5) 水下控制模块

水下控制模块的功能主要有三个方面:

①对日常工作进行维护和监控,主要服务于水下干式工作区,以及水下与水面之间的通信;
②对遥控作业工具进行操作和控制,用于各种 ROV、AUV、ARV 的操作控制和日常维护、电力补充等;
③对水下生产区块进行控制,主要实现阀门开启、生产信号传递等。

实现水下控制所需的关键技术包括:

①各种 ROV、AUV、ARV 的水下作业技术;
②各种 ROV、AUV、ARV 的综合管理技术;
③各种水下生产系统的安装、维修过程管理技术;
④与开采方式和过程控制相结合的水下控制技术。

6) 水下热站及热力配置系统

水下热站及热力配置系统的功能是为生产提供热能。天然气水合物开采和稠油开采都需要外加热能。根据开采对象和生产环境的不同,可采用电热、水热、气热等不同方式。

与水下热站及热力配置系统相关的技术有：

①深海加热的供应技术；

②热输送过程中的保温技术。

7) 深海空间站系统集成技术

深海空间站是一个复杂而庞大的结构体系，它的设计和建造需要考虑的因素很多，涉及结构、材料、建筑、机械、电子、遥控、遥测等诸多高新技术，以及这些技术的交叉融合与集成，最后成为人类能在深海环境下工作、生活的载体。

实现深海空间站系统的建造需重点研制的关键技术包括：

①深海空间站系统的设计、建造、安装技术；

②深海空间站各个组块的系统集成技术；

③深海空间站远距离遥控、遥测技术；

④深海空间站应急关断技术。

4.3.3 深海空间站的发展

世界上对深海空间站的公开宣传并不多，但海洋强国和军事强国都高度重视对深海作业装备技术的研究，并将其超前用于维护军事和国家权益。

早在 20 世纪 60 年代，美国就提出水下工作站的概念，并开始进行研制。到 20 世纪 90 年代，继美国之后，俄罗斯及挪威等国家也开始进行水下工作站的研究和制造。

1) 美国的"NR-1 号"深海空间站

美国于 1969 年成功研制了一艘核动力潜艇"NR-1 号"，主要用于海洋工程和其他领域的科学研究，担负水下搜索与回收、海底地质调查、海洋科学研究以及水下设备的安装与维护等任务。"NR-1 号"核动力潜艇艇长和高均约 44 m，宽约 3.6 m，水下排水量为 393 t，成员 7 人，工作深度达 724 m，水下航速为 3.5 kn，据称其具有无限水下续航能力。船体中央为 HY-80 高强度钢制造的圆筒形耐压壳，前后为非耐压整形壳体，前部 1/3 为操纵控制、观测和居住区。

"NR-1 号"核动力潜艇于 2008 年停止使用，自服役以来，完成了水下固定声呐系统的安装与维护、飞机和潜艇残骸的打捞等任务，如 1986 年对"挑战者号"航天飞机残骸的海底回收。

2) 俄罗斯的深海空间站

20 世纪 90 年代开始，俄罗斯联合多国，包括挪威在内，围绕北极开展了海洋油气开发新装备体系的论证与研究，研制了三种具有核动力的深海空间站，其主要功能为运送人员、设备部件和作业工具等，同时可为水下设施的检查和维修提供作业平台。三种深海空间站的相关参数如表 4-1 所示。

表 4-1　三种深海空间站

相关参数	第一种	第二种	第三种
工作潜深/m	600	450	1 500
水下航速/kn	6.2	10	8
水下作业时间/d	60	21	5

俄罗斯的三种深海空间站的基本功能模块如下：(1)核动力深海探测及作业平台；(2)核动力水下供能平台；(3)核动力水下钻井装备；(4)核动力水下补给及作业平台；(5)核动力水下天然气转运平台。

3) 中国的深海空间站建设

20世纪90年代初，我国开始在深海空间站技术领域开展相关论证和关键技术研究。2006年，中国工程院院士曾恒一提出要开发新型能源的深海空间站，其对深海空间站的描述为：在深海3 000 m的海底建立适宜人类居住的生活环境，以及电站、热站与控制中心正常运转的工作环境，油气水处理工艺全在水下完成，通过海管送至陆上终端；采用一批智能型ROV和AVU作为交通、运载与作业工具。2012年5月，北京科博会上首次展出了中国船舶重工集团公司第702研究所深海空间站的研究成果——小型深海移动工作站模型。

我国是世界上少数几个能够掌握大于3 500 m深度载人深潜技术的国家之一。中国深海空间站实施"三步走"计划。

第一步，试验平台主要用于验证、演示深海工作站具有哪些功能，目前已经完成小型深海空间站试验艇的研制工作。

第二步，研制深海移动工作站，其水下作业时长可达60天。

第三步，深海空间站建设完成并实现对接。具备强大的深海作业能力已成为21世纪海洋强国的战略取向，各海洋强国都把掌握深海装备技术，具备人员进入深海、进行工程施工的能力作为取得海洋科学、经济、军事竞争战略主动权的重要举措。

为此，我国应尽快实施深海空间站重大科技工程项目战略，使我国具备进入深海"下得去，待得住，能作业"的能力，全面带动新一代深海装备产业的创新发展，在世界海洋开发竞争中取得主动权，为实现海洋强国提供重要的技术支撑。

4) 其他国家的深海空间站

日本于2014年提出了"海底城市"的概念，此构想由清水建设公司联合东京大学和日本独立行政法人海洋研究开发机构等多家单位进行研究，计划2030年建成移动的海底城市。

英国朴次茅斯大学提出了一种水下星球大战系统，并进行了概念设计。该深海空间站设计为大部分时间在水下固定，根据需要可缓慢移动。该设计融合了传统潜艇圆柱形壳体的优点，克服了圆柱形壳体两端不利于人员行走的缺点。在战争期间，潜艇可直接通过深海空间站补给，还可进行维修。

法国则专门针对水下核电站进行了深入的设计和研发，为解决深海空间站的动力供给问题奠定了技术基础。

此外，为使油气资源开发系统及装备从水面向海底转移，挪威也在积极发展深海空间站。2012年，挪威海洋科技研究院研发"北冰洋水下工作站"，排水量为1 500 t，可潜深450 m，航速达8 kn，自持力14个昼夜，载10~14人。该平台的最大技术特点是采用了常规动力。

第5章
典型基础性与支撑性海洋技术

5.1 水下声学技术

与空气不同,光与电磁波在海水中传播时,衰减现象非常明显,因此,光与电磁波在水下的应用受到很大的限制。但是,声波在海水中传播时,衰减现象很弱,低频声波甚至可以穿透海底几千米的地层。迄今为止,声波是进行海洋观测和海底勘探最为有效的技术手段,在军事国防、航海安全保障、导航定位、渔业生产、水下资源开发利用等领域获得了广泛应用。

5.1.1 水下声学基本概念及原理

1)水声传播速度

声波在海水中传播的速度计算公式为:

$$c = \frac{1}{\sqrt{\rho\beta}} \tag{5-1}$$

式中:ρ 为传播介质的液体密度,即海水的密度,单位为 kg/m^3;β 为海水的绝热压缩系数,单位为 m^2/N。海水的密度和绝热压缩系数不能直接测得,是温度 T、盐度 S 和压力 p 的函数。一般情况下,根据试验掌握声波在液体中的传播速度随温度和压力的变化规律,然后利用经验公式估算海水中的声速。

一般情况下,声速与温度、盐度、压力具有正相关的关系,温度的影响作用最强,压力与海水深度直接相关,而盐度与温度和压力相关。另外,海水温度与水深也有一定的关联。因此,从整体上看,声波在海水中的速度计算公式也可以认为是水深的函数。所以声波在海水中传播的过程中,水平方向的速度变化不大,垂直方向的速度会发生较明显的变化。

2)水声传播过程中的衰减

（1）几何衰减

声波的几何衰减是指单位时间内声源所发出的能量在声波传播过程中的损失。通常情况下,用传输损耗(TL)表示声波几何衰减的强度,即:

$$TL = 10\lg \frac{I(1)}{I(r)} \tag{5-2}$$

式中:$I(1)$ 为距离声源 1 m 处的声强;$I(r)$ 为距离声源 r 处的声强。需要注意的是,水声在传播过程中,几何衰减无法避免。

(2)吸收衰减和散射衰减

除了几何衰减之外,水声在传播过程中的衰减形式还包括吸收衰减和散射衰减。吸收衰减一般是由热传导、介质黏滞等弛豫现象引起的水声能量衰减现象;而散射衰减是水声在传播过程中遇到声阻抗不同的介质(泥沙、气泡等)时发生的声波能量衰减现象。在实际传播过程中,水声能量的吸收衰减和散射衰减一般会同时发生,无法将两者严格区分开来。因此,海水对水声能量造成的吸收衰减和散射衰减统一用海水吸收率 α 来表示,单位为 dB/m,计算公式为:

$$\alpha = \frac{10}{x}\lg \frac{I_0}{I(x)} \tag{5-3}$$

图 5-1 所示为水声频率与海水吸收率的关系,随着水声频率的提高,海水吸收率也随之增大。由此可以发现,水声频率越高,水声能量就衰减得越快、越多;水声频率越低,水声能量就衰减得越慢、越少,水声传播距离就越远。因此,在声呐系统中,换能器的工作频率通常设定在低频段。

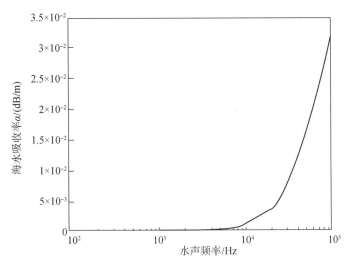

图 5-1 水声频率与海水吸收率的关系

🧊 3)水下声道

声波在海水中传播时总是向速度慢的方向折射。根据对水声传播速度的分析,海水中的声速基本上由温度和压力控制:温度越低,声速越慢;压力越大,声速越快。

图 5-2 所示是典型深海声速剖面。根据声速的变化规律,在垂直方向上可将海水大致分为三层:表面层、主跃变层和深海等温层。表面层有明显的季节变化和日变化,对外界温度和风的作用相对敏感,表层海水受到湍流、对流和表面风浪的影响,形成等温层或混合层,形成的表面声道不是很稳定。随着水深的增大,声速不断下降,从而进入主跃变层,在垂直方向上,具有较强的负声速梯度。最下面一层为深海等温层,声速基本是水深的线性函数。

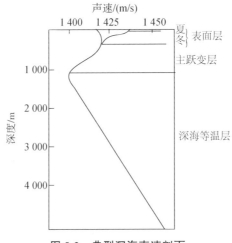

图 5-2　典型深海声速剖面

4) 水下噪声

海水中的噪声源主要包括人造噪声和自然噪声。针对水下噪声的研究,主要集中于噪声谱级和噪声场的二阶时空统计特性,以及它们与环境因素的关系。如表 5-1 所示,根据噪声频率的不同,噪声可分为 6 类。

表 5-1　噪声按频率划分

噪声频率/kHz	噪声源
<1	地震微噪声
1~10	海洋湍流
10~50	船舶噪声、波浪和风
50~100	热噪声、分子热运动产生的噪声
100~300	雨引起的噪声

在海洋工程与技术研究领域,认识和管控海洋中的环境噪声是一项重要工作。环境噪声也称为背景噪声,是指除去换能器本声和所有确定的声源所产生的噪声以外的本底噪声。海洋环境噪声的声源有很多,其发声机理也不同。因此,引入噪声谱级对海水中的环境噪声进行整体描述。噪声谱级是指在某频带宽为 1 kHz 的频带内的声强。用不同的单位会得到不同的噪声谱级,通常基准值为 0 dB。海洋噪声有如下特点:频率低于 10 Hz 的噪声独立于风速;频率为 10~200 Hz 的噪声对风速有轻微的依赖性,主要与船舶航行活动形成的噪声相关;频率在 500 Hz 以上的噪声受风速的影响相对较大;频率大于 80 kHz 时,热噪声成为主要的环境噪声。

5.1.2　声呐的基本原理

1) 声呐及其类别

声呐是一种利用声波在水下的传播特性,通过电声转换和信息处理,完成水下探测和通信任务的电子设备,其工作过程如图 5-3 所示。根据工作原理的不同,声呐一般分为两种:主动声呐和被动声呐。

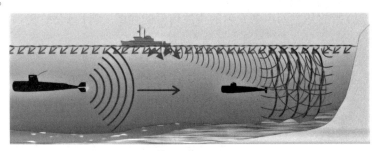

图 5-3　声呐工作过程

2）声呐的组成

主动声呐与被动声呐的组成略有不同,主动声呐一般由发射机、换能器、水听器、指示器组成,而被动声呐没有发射机与换能器。

（1）发射机。在主动声呐系统中,发射机是主要部件之一,其功能是产生一定功率、频率的声频电信号,然后通过水里的换能器变成声信号发射出去。

（2）换能器。换能器的功能是将电信号按一定规律转换成声波信号,其作用相当于喇叭。

（3）水听器。水听器的作用是将声波信号转换为电信号,作为后续信号处理模块的输入。在实际海洋环境中,水听器接收到的声波回波信号通常非常微弱,而且会受到周围环境噪声的影响,转换得到的电信号也非常微弱。因此,在对电信号进行放大的同时,还需要进行降噪处理。

（4）指示器。指示器作为声呐的终端设备,其主要功能是将处理后得到的声信号进行显示,显示的方式一般包括听觉和视觉两种,对应的有听觉指示器和视觉指示器。

3）声呐的基本工作原理

主动声呐与被动声呐的工作原理略有不同。在主动声呐系统中,首先是换能器向海水中发射具有一定特征的水声信号,在遇到目标障碍物之前,发射的水声信号会一直在海水中传播,在遇到目标障碍物之后,部分水声信号会产生反射现象,于是产生回波信号。声呐系统的接收设备会接收这些回波信号,通过信号处理、分析计算,可以得到目标障碍物的各种参数,比如方向、距离、速度等。

不同于主动声呐,被动声呐不会主动发射声波信号,只会被动地接收目标障碍物发出的噪声信号,通过对接收到的信号进行分析解读,获得目标障碍物的各种参数。主动声呐和被动声呐的区别除了体现在是否主动发射声波信号之外,在接收回波信号方面也存在一定的差异性。主动声呐接收回波信号的过程中也会有干扰信号,包括与发射信号无关的信道干扰信号以及与发射信号相关的非独立混响;被动声呐的干扰信号只有信道干扰信号,尤其是海洋环境噪声。

主动声呐和被动声呐各有相应的应用场景。主动声呐主要用于搜索、定位、导航等领域;而被动声呐多数应用于军事国防领域,比如潜艇,用来进行警戒、搜索、侧向跟踪和测距等。

4）声呐的性能指标

声呐的主要性能指标包括声源级、传输损耗、目标强度、海洋环境噪声等级、等效平面波混响等级、接收指向性指数、检测阈。

(1)声源级(SL)指的是主动声呐发射的声波信号的强弱,其计算公式为:

$$SL = 10\lg \frac{I(1)}{I_0} \tag{5-4}$$

式中:$I(1)$是换能器声轴方向上距离声源中心 1 m 处的声波信号强度;I_0 为参考声强,约等于0.57×10^{-22} W/cm^2。

(2)传输损耗(TL)用来定量描述声波传播一定距离后声强的衰减变化量,其计算公式为:

$$TL = 10\lg \frac{I(1)}{I(r)} \tag{5-5}$$

式中:$I(1)$的含义与式(5-4)中的相同;$I(r)$是距离声源 r 处的声波信号强度。

(3)目标强度(TS)主要用来量化描述水下目标障碍物反射声波的能力,其计算公式为:

$$TS = 10\lg \frac{I(1)}{I_i} \tag{5-6}$$

式中:I_i 为目标障碍物处入射声波信号强度;$I(1)$是在入射声波相反的方向上,距离目标障碍物回波中心 1 m 处的回波强度。目标强度一般出现在主动声呐系统中。

(4)海洋环境噪声等级(NL)主要用来衡量海洋环境噪声的强弱,其计算公式为:

$$NL = 10\lg \frac{I_N}{I_0} \tag{5-7}$$

式中:I_N是测量带宽内(或 1 Hz 频道内)的噪声强度;I_0是参考声强。

(5)等效平面波混响等级(RL)主要用于量化描述主动声呐系统中与发射声波信号相关的非独立混响,其计算公式为:

$$RL = 10\lg \frac{\rho_0}{\rho} \tag{5-8}$$

式中:ρ 为水听器输出端的混响功率;ρ_0 指的是均方根值声压为 10^{-5} N/cm^2 的平面波信号产生的功率。

(6)接收指向性指数(DI)指的是水听器在工作过程中,发射或接收声波的角度,其计算公式为:

$$DI = 10\lg \frac{p_0}{p_1} \tag{5-9}$$

式中:p_0 为无指向性水听器产生的噪声功率;p_1 为指向性水听器产生的噪声功率。对于各向同性噪声场中的平面波信号,DI 才有意义。

(7)检测阈(DT)。水听器接收的声波信号既包括有效的声呐信号,也包括相关的环境噪声信号,其输出也是由这两部分组成。在水声技术中,将设备能正常工作所需的最低信噪比值称为检测阈,其计算公式为:

$$DT = 10\lg \frac{p_e}{p_t} \tag{5-10}$$

式中:p_e 指的是完成某项任务时的信号功率;p_t 是水听器输出端的噪声功率。

🔹 5) 声呐的主要作用

声呐在海洋工程与技术领域具有广泛的应用场景,包括水下资源勘探、海洋渔业生产、海道测量、导航定位等。

5.1.3　水声定位及其应用

　　通过在水面工作船只、水下移动平台以及作业海区上加装和布放声学定位设备,可实现水面对水下目标位置的实时监控、水面与水下平台的信息交互,如今已经广泛应用于海洋工程的各个方面。

1)超短基线定位系统

　　如图 5-4 所示,超短基线定位系统的所有声单元(≥3)集中安装在一个收发器中,组成声基阵;声单元之间的相互位置精确测定,组成声基阵坐标系。声基阵坐标系与船舶坐标系之间的关系要在安装时精确测定,包括位置(X、Y、Z 偏差)和姿态(横摇、纵摇和水平旋转)。系统通过测定声单元的相位差来确定换能器到目标的方位(垂直和水平角度);通过测定声波传播的时间,再用声速剖面修正波束线,确定换能器与目标的距离。以上参数的测定中,垂直角和距离的测定受声速的影响特别大,其中垂直角的测量尤为重要,直接影响定位精度,所以多数超短基线定位系统应答器中安装有深度传感器,借以提高垂直角的测量精度。超短基线定位系统要测量目标的绝对位置(地理坐标),必须知道声基阵的位置、姿态以及船首向,这可以由 GPS、运动传感器和陀螺罗经提供。

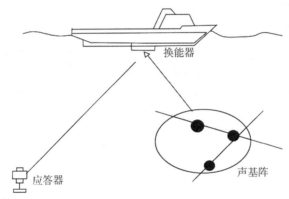

图 5-4　超短基线定位系统

　　超短基线定位系统的优点有:低价的集成系统,操作简便容易;只需一个换能器,安装方便;测距精度高。超短基线定位系统的缺点有:系统安装后的校准需要非常准确,而这往往难以达到;测量目标的绝对位置精度依赖于外围设备(陀螺罗经、姿态传感器和深度传感器)的精度。

2)短基线定位系统

　　如图 5-5 所示,短基线定位系统由三个以上换能器组成,换能器的阵形为三角形或四边形,组成声基阵。换能器之间的距离一般超过 10 m,换能器之间的相互关系精确测定,组成声基阵坐标系。声基阵坐标系与船舶坐标系的相互关系由常规测量方法确定。短基线定位系统的测量方式是由一个换能器发射,所有换能器接收,得到一个斜距值和不同于这个值的多个斜距值,系统根据基阵相对船舶坐标系的固定关系,配以外部传感器观测值,如船舶位置、姿态、船首向,计算得到目标的大地坐标。

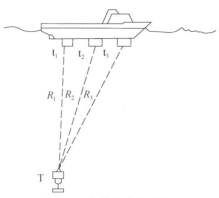

图 5-5　短基线定位系统

t_1、t_2、t_3—换能器；R_1、R_2、R_3—测量距离；T—应答器

短基线定位系统的优点有：低价的集成系统，操作简便容易；基于时间测量的高精度距离测量；固定的空间多余测量值；换能器体积小，安装简单。短基线定位系统的缺点有：深水测量要达到高精度，基线长度一般需要大于 40 m；系统安装时，换能器需在船坞严格校准。

3）长基线定位系统

长基线定位系统包含两部分：一部分是安装在船舶上的收发器或水下机器人；另一部分是一系列已知位置的固定在海底的应答器，至少三个。应答器之间的距离构成基线，长度为上百米到几千米，称为长基线定位系统。长基线定位系统是通过测量收发器和应答器之间的距离，实现对目标定位的，所以系统与深度无关，也不必安装姿态检测设备、陀螺罗经设备，即长基线定位是基于距离测量。从原理上讲，长基线定位系统导航定位只需要两个海底应答器就可以，但是产生了目标的偏离模糊问题，而且不能测量目标的水深，所以至少需要三个海底应答器才能得到目标的三维坐标。实际应用中，其需要接收四个以上海底应答器的信号，产生多余测量，以提高测量的精度，如图 5-6 所示。

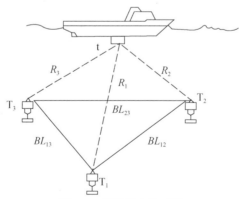

图 5-6　长基线定位系统

t—换能器；R_1、R_2、R_3—测量距离；T_1、T_2、T_3—声波应答器；BL_{12}、BL_{13}、BL_{23}—基线

长基线定位系统的优点有：独立于水深，具有较高的定位精度；多余测量增加；对于大面积的调查区域，可以得到非常高的相对定位精度；换能器非常小，易于安装。长基线定位系统的缺点有：系统复杂，操作烦琐；声基阵数量巨大，费用高昂；需要长时间布设和收回海底声基阵；需要详细地对海底声基阵进行校准测量。

4）组合定位系统

组合定位系统有多种形式，其最大优点是可以利用不同系统的优势，提高定位精度、扩大应用范围，但是组合定位系统的设备组成和操作也更为复杂。组合定位系统一般应用户的特殊要求而定制，目前应用较多的是超短基线/长基线组合定位系统和超短基线/短基线组合定位系统。

5.2　水下光学技术

水下光学技术是海洋技术的重要组成部分，是人类认识海洋、开发海洋的必需手段之一，与其他海洋技术互为补充。

5.2.1　光学与水下光学的基本概念

1）光的基本特性

光具有波粒二象性，既有粒子特性，又有波动特性。光的传播过程可以用经典电磁波理论进行解释。但是光在传播过程中如果涉及物质和能量交换，则需要利用量子力学理论结合光的粒子特性进行分析。虽然光的传播不需要任何介质，可以在真空、空气、水、玻璃等物质中传播，但是光的传播速度、传播距离会受到传输介质相关特性的影响。

根据光的波动特性理论，对于简谐波沿单一方向（例如沿 z 轴方向）传播的过程，其波动特征可以用下列方程描述：

$$E(z,t) = E_0 \cos\left[(kz - \omega t) + \varphi_0 \right] \tag{5-11}$$

式中：$E(z,t)$ 为光矢量；E_0 为 $E(z,t)$ 的振幅矢量，独立于空间坐标 z 和时间 t；$\varphi = (kz - \omega t) + \varphi_0$ 是光波的相位函数，是光波振动所呈现的波形变化的度量。与其他电磁波类似，光波在传播过程中同样存在反射、折射与散射现象，另外，光的传播过程还涉及以下两个基本概念。

①光通量：人眼所能感觉到的辐射功率。光通量是单位时间内某一波段的辐射能量和该波段的相对视见率的乘积，单位是流明（lm）。

②光强度：光源在某一方向立体角内的光通量大小，单位为坎德拉（cd）。1 cd 表示在单位立体角内辐射出 1 lm 的光通量。

2）光谱

波长是研究光波传播过程的一个重要参数，不同波长的光在同一介质中的折射率不同。包含不同波长的光称为复色光。当复色光的传播途经具有一定几何外形的介质时，波长不同的光线会因折射角的不同而出现色散现象，从而投射出连续或不连续的彩色光带，称为光谱。需要注意的是，人眼无法直接看到大部分的电磁波谱，人眼能够观测到的部分称为可见光谱。只有波长为 400~700 nm 的部分可以被人眼直接看到，如图 5-7 所示。

目前光谱的分类方法有很多，比如按照波长划分，光谱可分为红外光谱、可见光谱和紫外光谱等；按照光谱产生方式划分，光谱可分为发射光谱、吸收光谱和散射光谱等。

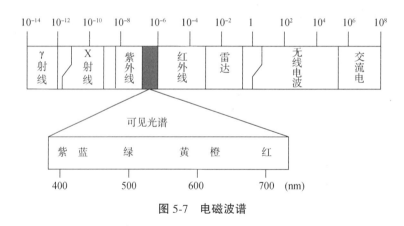

图 5-7　电磁波谱

3）水下光学技术

水下光学技术是指在水面以下（水体内部及海底），以光为信号载体，对环境、目标物、物理量、化学量、生物量等进行探测或测量，或者利用光信号进行通信的技术的总称。水下光学技术是水下照明技术、光学探测技术、光学通信技术与水下应用场景相结合形成的基础性海洋技术。由于传播介质不同，光在海水中的传播特性与其在空气中的传播特性有差异，表 5-2 所示为大气与海水对光的作用。海水对光的作用主要体现在吸收、散射、折射与热晕效应方面。

光在海水中传播时受到多种因素的影响，包括：

（1）吸收：在海水中传播时，光会被海水及其中的溶解物和颗粒物吸收。这种吸收过程导致光的能量逐渐减小，因此缩短了光线在水中的传播距离。

（2）散射：海水中的水分子和悬浮颗粒物能够散射光线。散射使光线改变方向，并在垂直方向上扩散。这会导致光线的横向扩展，增大了光束的直径，同时减小了光线的能量密度。在浑浊的水体中，悬浮颗粒物的浓度较高，导致光线被散射得更为显著，从而影响了水下光学成像的清晰度和成像距离。

（3）折射：海水的温度、盐度、压强和密度分布不均匀，因此光线传播路径上各点的折射率不同。这会引起光的波前发生畸变，从而影响水下成像的分辨率。

（4）热晕效应：光线在海水中传播时，会被海水吸收，将光能转化为海水的热能，导致海水温度升高。升温会引起海水折射率变化，使光线的波前发生畸变。此外，在高激光能量的情况下，升温还可能导致海水快速蒸发形成汽泡，从而增强光线的散射。

这些因素共同影响了水下光学系统的性能，需要采取相应的措施和技术来迎接这些挑战，以实现有效的水下成像和传输。

表 5-2　大气与海水对光的作用

大气对光的作用	海水对光的作用
吸收（H_2O、CO_2、O_3、O_2、CO 等）	吸收（水分子、无机溶解质、黄色有机物等）
散射（气体分子、灰尘、水滴等）	散射（水分子、悬浮颗粒、浮游微生物等）
湍流（大气压强、温度不均等带来的大气折射率的动态变化）	折射（海水温度、盐度不均和海流等引起的海水折射率的动态变化）
热晕效应（大气分子和气溶胶粒子吸收激光能量，大气受热膨胀，局部折射率减小）	热晕效应（海水吸收激光能量，光束波前畸变，高温生成汽泡引起光束散射）

🔷 4)水下光学技术分类

水下光学技术通常可以分为以下三大类别:水下照明技术、水下光学探测技术和水下光学通信技术。这些类别之间并没有明确的分界线,它们之间存在一定的交叉和互补,例如水下照明技术可以用于提供成像所需的光源,也可以支持水下光学探测。水下光学技术分类如表5-3所示。

表5-3 水下光学技术分类

分类	具体类别
水下照明技术	水下 LED 照明、水下激光照明、水下气体放电灯照明等
水下光学探测技术	水下光学成像技术,如水下摄影技术、水下全息成像技术等
	利用光谱技术进行水下物质成分分析,如水下激光拉曼光谱仪、水下激光诱导击穿光谱仪(LIBS)等
	水下光学盐度、浊度等的测量技术
	使用激光雷达进行水下测距、水下目标探测等
水下光学通信技术	水下光缆通信技术
	水下激光通信技术

水下照明技术主要用于提供光源,支持潜水员、潜水器或水下摄像设备在水下环境中工作,以及为水下光学成像提供所需的照明。常见的水下照明光源包括发光二极管(LED)、激光和气体放电灯等。

水下光学探测技术着重于使用光信号对水下环境、物体,以及物理、化学和生物参数进行探测和测量。这包括使用水下摄像设备捕获水下环境和物体的图像,使用全息摄像技术获取物体的三维信息,使用光学盐度计来测量海水的盐度,以及使用拉曼光谱仪、水下激光光谱仪等设备对水下化学物质进行分析等。其中,一些方法需要使用人造光源来提供足够的光,如全息摄像、光学盐度计、拉曼光谱仪等。

水下光学通信技术以光作为信息传输的主要媒介,用于实现水下设备之间的通信。它包括船舶与潜水器之间的通信、不同潜水器之间的通信等。水下光学通信技术可以分为水下光缆通信技术和水下激光通信技术两大类,具有传输速率快、低延迟、大信息容量、抗电磁干扰等特点。无线光通信不依赖传播介质,具有出色的方向性和保密性,适用于水下和水上通信,并在水下应用领域得到越来越广泛的应用。尽管水对光的强烈吸收一直是限制光通信距离的因素,但随着高强度光源和高灵敏度探测器的发展,水下光通信的性能不断提高,距离不断增加。

5.2.2 光在海水中的传播

🔷 1)光的水体吸收

海水的光吸收特性涉及多个因素,包括光的波长、海水的成分、海域位置、水深和时间等。光在海水中被吸收时,其中一部分能量会被转化为其他形式的能量,例如热能和化学能。这一吸收过程的机理包括以下几个方面。

（1）水分子及溶解盐类的吸收

纯水对不同波长的光的吸收率曲线如图 5-8 所示，在大约 400 nm 处，吸收率存在一个极小值，该值表示在该位置上水对波长为 400 nm 的光吸收最弱。而波长在 400 nm 处的吸收率约为 0.01 dB/m。图中 γ_1、γ_2、γ_3 表示的是水在共振模式下在红外波段对光的吸收率。

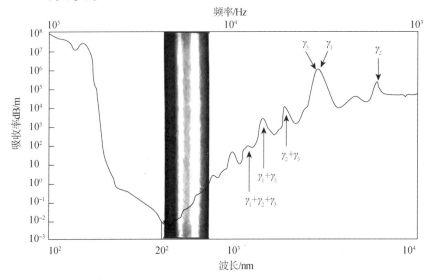

图 5-8　纯水对不同波长的光的吸收率曲线

盐对光的吸收相较于水分子对光的吸收可以被忽略，因此，纯净海水的光吸收率与纯水的光吸收率几乎相等，可用后者近似表示。

（2）有色溶解有机物的吸收

有色溶解有机物，也称为黄色物质，是水中存在的可溶性有机物，包括腐殖酸、富里酸和芳烃聚合物等，由于含有光学特性基团，它们表现出光吸收和荧光特性。这些有机物在紫外波段对光的吸收率较大，但在可见光区域吸收率较小，在红外光区域吸收率继续减小。

（3）浮游植物（叶绿素）的吸收

浮游植物，主要包括叶绿素 a、叶绿素 b 和叶绿素 c，对光的吸收主要发生在光合作用过程中，其中叶绿素 a 的吸收效果最显著。通过分析叶绿素对光的吸收特性，可以采用光谱分析方法来鉴别叶绿素，并进行浓度分析。

（4）非藻类悬浮物的吸收

非藻类悬浮物包括死亡生物产生的有机碎屑、悬浮的沙粒和矿物颗粒。非藻类悬浮物的吸收特性受到浓度、组成和颗粒大小的影响，其中有机碎屑的吸收特性与水中溶解性有机物的吸收特性相似。

2）光的水体散射

海水中的光散射是由水分子和悬浮颗粒引起的，它们导致光的传播方向发生变化。光的散射方式通常包括前向散射和后向散射。前向散射是指光向前各方向散射，导致光的强度在原传播方向上减弱；后向散射则是光向后各方向散射，也称为背向散射。不论是前向散射还是后向散射，都减小了光束在传播方向上的能量密度，从而缩短了其传播距离。对于光学成像系统来说，水中的悬浮颗粒引起的光束背向散射会增加图像的背景噪声，降低图像的清晰度，缩短成像距离。

海水中悬浮颗粒的散射现象可分为瑞利散射和米氏散射两种。当海水中颗粒的直径远小于入射光波长时,会出现瑞利散射,其散射强度与波长的四次方成反比。当海水中颗粒的直径与波长相当时,存在更为复杂的共振状态,导致米氏散射的发生,其散射强度随角度变化而分布不均。

3）光的水体折射

光在同一种均匀介质中沿直线传播时,其传播速度可以表示为:

$$c = c_0/n \tag{5-12}$$

式中:c 为光在该介质中的传播速度;c_0 为光在真空中的传播速度,约为 3×10^8 m/s;n 为介质对光的折射率,真空对光的折射率为 1,水对光的折射率约为 1.33,故光在水中的速度是其在真空中的 1/1.33(约 3/4)。

光的波长、频率与波速的关系为:

$$c = \lambda\gamma \tag{5-13}$$

$$\lambda = \lambda_0/n \tag{5-14}$$

式中:λ 和 λ_0 分别表示光在介质和真空中的波长,λ 随着介质折射率的变化而变化,即光在水中和真空中的波长是不一样的;γ 表示光的频率,由光源的振动特性决定,γ 并不随着介质的折射率变化而变化。

海水的折射率受多种因素影响,包括光的波长(或频率),海水的密度、温度和压强等。一般情况下,可见光在水中的折射率约为 1.33,但当涉及光在水中的色散,以及利用海水折射率的变化测量海水盐度时,必须考虑折射率随波长、海水温度和盐度的变化。此外,由于海水盐度、温度、压力和流速的分布不均匀,海水的折射率会动态变化,这可能会影响光学成像系统的分辨率。

5.2.3　水下照明与光学成像

1）水下照明技术

水下照明技术是在水下环境中提供照明的各种技术和装置。这些技术可以用于潜水、海洋研究、水下建筑、水下摄影、水下考古等。以下是一些常见的水下照明技术:

水下灯具:专门用于水下照明的灯光设备,通常具有防水密封性,以抵御水的压力和侵入。这些灯具可以采用不同类型的光源,如 LED、卤素或氙气,以提供各种颜色和亮度的照明。LED 技术在水下照明中越来越流行,因为 LED 灯具有能耗低、寿命长和产热量小等优点。激光技术可以用于水下照明,尤其在需要高强度点状照明时。激光光束可以穿透水中较远的距离,但可能需要特殊的激光保护措施,以避免眼睛受到伤害。水下照明系统通常具有控制装置,允许用户调整亮度、颜色和模式。该系统通常由遥控器或计算机软件进行控制。水下照明设备需要具备良好的防水性能,以确保其在水下环境中的可靠性和安全性。防水措施包括防水密封、耐压设计以及防腐蚀材料的使用。近年来,水下光纤照明进入了人们的视野,它是一种特殊的水下照明技术,使用光纤来传输光线并提供照明。这种技术在一些特殊的水下环境中非常有用。水下光纤照明的工作原理是光纤的全反射原理。光线从一个光源传输到水下,然后通过光纤传导到需要照亮的地方。光纤的外表面具有高度反射的涂层,使光线可以在光纤内部反射,从而传输到目标位置。在目标位置,光线通过光纤的末端散发出来,提供照明。水下光纤照明具有一些显著的优点:首先,它可以将光源安全地放置在水面以上,从而减少对水下设备的维护和降低风险;其次,光纤具有较高的灵活性,可以根据需要定制长度和形状,因此它适用于各种复杂的水下结构和景观;再次,光纤不会导电,因此它可以用于电感性水下设备的照明。

水下照明技术的选择取决于具体应用和需求,因此在不同的水下环境中可能需要不同类型的照明解决方案。

🔲 2) 水下光学成像技术

近年来,水下摄像机的设计和制造已广泛使用数字视频压缩技术、图像获取和记录技术、高分辨率的电荷耦合器件(Charge Coupled Device),以及小型、低成本的视频摄像机和数码摄像机等先进技术和设备。这些技术改进了水下光学成像的质量和效率。然而,光在海水中的传播受到多种因素的影响,包括海水的吸收、散射和折射,这些因素导致了一系列问题,如观测距离受到限制、图像色彩失真以及图像的不稳定性。国内外的研究人员已经开展了大量研究工作,针对海水的吸收、散射和折射这三个物理过程进行了相应的研究。表5-4对海水吸收、散射和折射这三个物理过程进行了简要解释,阐述了它们对水下光学成像的影响,同时列举了相关的研究方法。这有助于更好地理解和解决水下光学成像中的技术问题,以提高图像的质量和稳定性。

表 5-4　海水吸收、散射和折射对光学成像的影响及其研究方法

	吸收	散射	折射
来源	水分子、悬浮动植物	水分子、泥沙等悬浮颗粒物、悬浮动植物	因海水的盐度、温度、压强、流速分布不均而造成海水折射率非均匀分布
直接影响	红外光和紫外光被大量吸收,蓝绿光较少被吸收	光的传播方向发生变化,主要有小角度散射(≈0°)和背散射(≈180°)	光束的相位(也称作波前)发生畸变
对成像的影响	观测距离受限,图像色彩偏蓝绿	观测距离受限,图像背景模糊	图像模糊且不稳定,发生抖动
海水条件	发生于各种海水	发生于各种海水,在悬浮物浓度较高(浑浊)的海水中尤为明显	发生于各种海水,在悬浮物浓度较低或者水流频繁的海域尤为明显
研究方法	基于色彩模型对图像的颜色复原	图像复原、激光距离选通、激光线扫描等	适用自适应光学系统实时矫正波前畸变

（1）距离选通技术

在浑浊水体中成像时,接收器接收的光信息包括目标反射的成像光束和由水中悬浮颗粒物反射的照明光束。悬浮颗粒物反射的照明光增大了背景噪声,降低了图像的清晰度。为了解决这个问题,采用距离选通技术,通过脉冲激光照明,确保被观察目标反射的辐射脉冲在摄像机感光元件曝光的时间段内到达摄像机并成像。在其他时间段,摄像机选择性通断(感光元件关闭),从而阻挡了悬浮颗粒物的背向散射、辐射。这有效降低了后向散射的影响,增加了成像系统的探测距离,提高了图像清晰度。

（2）同步扫描水下激光成像技术

同步扫描水下激光成像技术采用窄光束的连续激光器和窄视场角的高灵敏度接收器。这

样,被照明水体和接收器的视场之间只有极小的重叠区域,减小了探测器接收到的水体悬浮物后向散射光的影响。在成像过程中,扫描光束扫描目标,同时要求接收器与扫描光束同步工作,收集反射光以进行局部成像。扫描结束后,根据收集的所有局部图像重建整个被照物体的图像。这种技术有助于减小散射噪声,提高水下激光成像的清晰度和精度。

(3) 水下全息成像

全息成像技术已广泛用于拍摄空气中物体的全息图,但是海水是一个特殊的拍摄环境,它会破坏一般情况下拍摄全息图所要求的光路稳定,如:水和杂质、海水扰动等都会减弱光的传输。目前水下全息成像已经成功应用于拍摄海洋浮游生物和微粒探测,提供大景深和高分辨率的全息图像。

光学全息成像主要分为两个过程:①利用干涉进行波前记录。通过干涉方法把物光波的相位分布转换成照相底板能够记录的光强分布来实现。因为两个干涉光波的振幅比和相位差决定了干涉条纹的强度分布,所以在干涉条纹中包含物光波的振幅和相位信息。②利用衍射原理进行物光波的再现。用一个光波(一般情况下与记录全息图时用的参考光波相同)再次照明全息图,光波在全息图上就好像在一块复杂光栅上一样发生衍射,在衍射光波中将包含原来的物光波,因此当观察者迎着物光波方向观察时,便可看到物体的再现象。

影响水下全息图像质量的因素主要有:①悬浮粒子和浮游生物的影响。海水中悬浮粒子和浮游生物的不规则运动,使得被它们散射的那部分光对于入射光来说是不相干的,只是在全息图上增加固定的曝光量,降低衍射效率和信噪比。②水的折射率变化的影响。压强和温度的变化如湍流、热效应等,会引起水的折射率变化,导致激光光程改变,从而在全息图上产生定域条纹,使得被观察的图像变模糊,图像对比度降低。③水的吸收和散射的影响。海水增大了全息图背景光噪声,降低了信噪比,使水下全息图的分辨率下降。

5.2.4　水下光学技术的发展趋势

(1) 成像

水下成像技术一直追求在浑浊水体中进行远距离、高清晰度和高色彩还原的成像。增加成像系统在这样的条件下的成像距离和分辨率一直是研究的难题。目前,除了提高照明系统的强度,研究人员还应用最新的固体光源和高灵敏度探测器,采用结构化照明、激光扫描、距离选通和优化光源与深度探测器布局等方法来增加成像距离和提高清晰度。随着光电子技术的不断发展,水下成像的成像距离有望进一步增加,清晰度有望进一步提高。此外,水下成像系统不仅能获取光的强度信息,还能获取光的相位和偏振状态等信息,从而获得更具体和更详细的被观测物体信息。

(2) 水下物理与化学量探测

与水面光学相比,水下光学探测面临更多外部条件的挑战,如水压、水下密封、水下光学窗口的污染,以及水下仪器的操控问题。将水上光学探测仪器和方法应用于水下探测仍然是研究的热点。随着光电子技术的迅速发展,特别是小型、低功耗、高性能的光源和探测器的出现,光学探测的精度显著提高,探测范围显著扩大。因此,随着光电子技术、水下密封技术和水下防腐技术的不断发展,水下光学探测技术也将取得重大进展。

(3) 与海洋仿生学结合

海洋生物经过漫长的进化,具备独特的水下生存技能和探测能力。将海洋生物的技能作为灵感,仿照它们的方式来探测水下环境和目标,是未来重要的发展方向。这种与海洋仿生学结合的方法将有望推动水下探测技术的进一步创新和提高,以满足不同水下应用的需求。

5.3 海洋工程材料技术

5.3.1 海洋工程结构材料

1)海洋工程结构材料的力学性能指标

以低碳钢拉伸的应力-应变曲线(见图5-9)为例来说明各主要力学性能指标的定义。

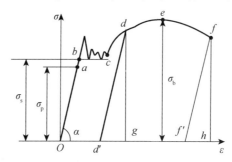

图5-9 低碳钢拉伸的应力-应变曲线

(1)抗拉强度 σ_b(MPa)。抗拉强度又称强度极限,是指材料在拉伸断裂前所承受的最大拉应力,用来表征金属在静拉伸条件下的最大承载能力。

(2)屈服强度 σ_s(MPa)。屈服强度又称屈服极限,是指材料开始产生宏观塑性变形时的应力。对于屈服现象不明显的材料,屈服强度即为应力-应变曲线关系的极限偏差达到规定值(通常为0.2%的原始标距)时的应力。

(3)延伸率 δ。延伸率是试件断裂时试验段的残余变形 Δl_0 与试验段原长 l 之比的百分数,即:

$$\delta = \frac{\Delta l_0}{l} \times 100\% \tag{5-15}$$

(4)断面收缩率 ψ。设试验段横截面的原面积为 A,断裂后断口的横截面面积为 A_1,则断面收缩率为:

$$\psi = \frac{A - A_1}{A} \times 100\% \tag{5-16}$$

(5)弹性模量 E(GPa)。弹性模量是指材料在弹性变形阶段内,正应力和对应的正应变的比值。

(6)泊松比 μ。泊松比是指材料在单向受拉或受压时,横向正应变与轴向正应变的绝对值的比值。

其中,延伸率 δ 和断面收缩率 ψ 用来表征材料的塑性。

2）海洋工程结构材料的类别及特点

表 5-5 列出了海洋工程领域常用的结构材料的优点及应用。

表 5-5　海洋工程领域常用的结构材料的优点及应用

材料	优点	在海洋工程领域的应用
钢材料	综合性能好、机加工性好、价格低廉等	用作各种海洋装备的主体材料
钛材料	耐腐蚀、密度小、比强度高、无磁性、化学稳定性好等	用于耐腐蚀要求严格的场合，如油气开采平台、海洋科考设备、军用舰艇等
铝材料	密度小，导电性、低温性和延展性好等	用于海洋装备的牺牲阳极、短途海上交通工具等
铜材料	导电性、导热性、抗污性和机加工性好等	用于电子设备、管道及加热或冷却系统等
高分子材料	密度小、加工方便、价格低廉等	用于海上装备的管路、管接头，以及隔音、隔热、防腐防污涂料等

（1）金属材料

船体与海洋工程所使用的金属材料具备卓越的综合性能，经历了多道工序的冷加工、热加工，以及各类特殊处理，以抵御海浪冲击、海水、泥沙、海洋大气和微生物的腐蚀。船舶与海洋工程的结构钢材可分为碳素结构钢和合金结构钢，根据我国《钢质海船入级规范》，它们进一步分为 A 级、B 级、C 级、D 级和 E 级。关于各级钢材的化学成分和机械性能，请参考国家相关标准或规定。

钛及钛合金是一类具备出色物理性能和稳定化学性能的材料。它们具有低密度、高比强度、优良韧性、高温耐性、抗海水和海洋大气腐蚀等众多优点，被誉为"未来金属"，广泛应用于航空航天、石油化工、冶金、轻工等众多工业领域。在海洋领域，钛合金材料主要用于海水淡化、海洋科考设备、油气开采平台以及温差发电设备等。

铝合金和铜合金具有较低的密度、良好的导电性和延展性。铝合金的抗拉强度约为 50 N/mm^2，且其具有轻质特性，因此被广泛用于海洋设备和短途海上交通工具。

（2）高分子材料

高分子材料因其高强度、低密度、吸振减音、易加工、经济实惠等一系列优势，在船舶与海洋工程中得到日益广泛的应用。常用工程塑料的性能如表 5-6 所示。

表 5-6　常用工程塑料的性能

性能	高聚物名称											
	ABS	聚缩醛	聚四氟乙烯	聚三氯乙烯	尼龙	聚苯醚	聚碳酸酯	聚酰亚胺	聚苯醚	聚乙烯（高密度）	聚丙烯	聚砜
价格	0	0	−	−	−	−	0	−	−	+	+	−
可加工性	0	+	−	−	+	0	0	−	0	+	+	+
抗张强度	0	0	−	−	0	0	0	+	+	−	0	+
刚性	0	0	−	−	0	0	0	0	0	−	0	0
冲击韧性	0	−	0	0	0	+	+	0	0	+	−	0
硬度	0	+	−	0	0	+	+	+	+	−	0	+
使用温度范围	−	0	−	0	0	−	0	+	0	0	0	0
抗化学性	0	0	+	+	0	0	0	−	0	+	+	+
耐候性	0	0	+	+	−	0	0	0	0	+	−	0
耐水性	0	0	+	+	0	0	0	0	+	+	+	0
可燃性	−	−	+	+	0	0	0	+	0	+	+	0

注：+表示性能优越；0 表示性能良好；−表示性能不良。

（3）水泥

水泥是一种材料，具有较小的相对密度、出色的抗压强度、高刚度和硬度，以及一定的耐水、耐热和耐化学腐蚀能力。然而，水泥的抗拉强度较低，因此其应用范围受到限制，通常仅适用于一些辅助场合，如作为局部填灌材料、甲板敷料，以及用于建造码头、堤防、驳船和浮船坞等项目。水泥有多种类型，根据其主要成分，可以分为以下主要类型：

①白色和彩色硅酸盐水泥：这种水泥的主要成分是硅酸钙，在制备熟料时加入适量的石膏，然后磨细制成水泥。通过在白色水泥中添加特定颜料，可以制成不同颜色的水泥。这些水泥主要用于船上的厕所、厨房、浴室等场所。

②硫铝酸盐膨胀水泥：这种水泥将较多的石膏加入无水硫铝酸钙熟料中，经过磨细制成水泥。通过调整添加石膏的量，可以制成具有自应力特性的水泥。这种水泥主要用于弥补混凝土结构的收缩。

③抗硫酸盐硅酸盐水泥：这种水泥的熟料主要由硅酸盐组成的特定矿物构成，加入适量的石膏磨细制成。这种水泥适用于各种水利工程、船坞和船闸等。

④快凝快硬硅酸盐水泥（双快水泥）：这种水泥的熟料主要包括硅酸三钙和氟铝酸钙，加入适量的石膏和高炉矿渣等，磨细后制成水硬性胶凝材料。它通常用于一般堵漏和快速抢修工程。

⑤铝酸盐水泥（高铝水泥）：铝酸盐水泥是以石灰石和铝矾土为原料，经过煅烧得到以硫铝酸钙为主要成分的熟料，然后粉碎磨细后制成的水硬性胶凝材料。其相对密度为 3.0~3.2，初凝不早于 40 min，终凝不迟于 10 h。其可用于海洋工程施工，并且可作为船舶耐火材料。

总的来说，水泥在不同类型的工程和应用中具有多种变种，以满足不同的需求和条件。这些水泥种类各具特点，适用于特定的工程项目。

5.3.2 海洋工程浮力材料

1）深海工况对浮力材料的要求

浮力材料需长期工作在海洋高压、高腐蚀、变幻莫测的恶劣环境下，浮力材料的选用需要注意以下性能指标。

（1）浮力系数：一般可以用浮力材料的排水量与质量之比表征，也可用海水密度与其自身密度之比表征。浮力系数越大，材料单位体积可提供的浮力越大，从而有利于提高材料的有效荷载能力。

（2）抗压强度：一般是指在单向受压力作用破坏时，单向面积上所承受的荷载。抗压强度越高，材料的工作深度越深。

（3）吸水率：一般可采用材料浸入水中所吸收水的质量占其浸水前实测质量的百分比来表征。材料吸水率越小，浮力系数越稳定，从而可保证深海工作设备的安全性和可靠性。

（4）体积弹性模量：一般是指材料在三向应力作用下，平均正应力与相应的体积应变之比，如果在材料弹性范围内，则称为体积弹性模量。可见，体积弹性模量越大，浮力材料性能越稳定。

（5）耐磨性：一般是指材料在一定摩擦条件下抵抗磨损的能力，以磨损率的倒数来评定。深海环境是一个动态的环境，要求浮力材料具有较高的耐磨性。

（6）耐候性：一般是指浮力材料抵御大气和海水腐蚀的性能。固体浮力材料一般要具有较高的耐候性。

（7）刚度：一般是指结构或构件抵抗弹性变形的能力，用产生单位应变所需的力或力矩来度量。浮力材料要具有较高的刚度。

（8）机加工性：浮力材料要具有良好的机加工性能，以满足不同零部件的设计加工要求。

2）传统浮力材料

常见的浮筒、浮球及木材或橡胶制作的浮力材料，我们统称为传统浮力材料；传统浮力材料一般包括低密度汽油、氨水、硅油等液体的浮桶，泡沫塑料，泡沫玻璃，泡沫铝，金属锂，木材和聚烯烃材料等。封装的液体浮桶易漏，容易污染海域，泡沫塑料、泡沫玻璃、泡沫铝和木材的模量、强度较小，不能满足深海使用要求。金属锂的强度和模量能满足深海使用要求，但是其与水能发生反应，且价格较高。浅海用浮力材料通常为软木、浮力球、浮桶及具有一定强度的合成泡沫塑料或合成橡胶。各种浮力材料的比较如表 5-7 所示。

表 5-7　各种浮力材料的比较

类别项目	浮桶	合成橡胶	一般泡沫材料	固体浮力材料
密度/（g/cm³）	0.5~0.9	0.1~0.9	0.1~0.3	0.4~0.7,可调
耐压强度	—	—	强度低	强度高
吸水性	密封好,不吸水	不吸水	慢慢吸水	不吸水
使用周期	短	短	短	长
应用水深	浅海	浅海	水面或浅海	全海深

3）高强度轻质浮力材料

高强度轻质浮力材料属于先进复合材料，浮力调节介质包括气体空穴、空心微球、中空塑料球或大径玻璃球组合。根据浮力调节介质的不同，高强度轻质浮力材料可以分为以下三大类。

（1）化学发泡法浮力材料

化学发泡法浮力材料是利用化学发泡法制成的一类泡沫复合材料，即利用树脂固化热使化学发泡剂分解产生气体，分散于树脂中发泡，然后浇铸成型。

特点：可根据使用要求调整发泡剂用量形成不同密度的化学发泡法固体浮力材料，具有质轻、隔热、隔音、减震等优良性能。

常用的材料主要有：聚氨酯泡沫、环氧树脂泡沫、硬质聚氨酯泡沫、聚甲基丙烯酰亚胺泡沫等。

主要应用领域：水面或浅海等领域。

（2）中空微球复合泡沫浮力材料

中空微球复合泡沫浮力材料是由树脂作为基体材料，填充浮力调节介质，经加热固化成型得到的复合材料。目前，性能优良、使用最广泛的浮力调节介质是空心玻璃微珠。

特点：纯复合泡沫固体浮力材料具有可设计性，通过调整空心微球的粒径大小以及填充量可设计出不同密度和力学性能的固体浮力材料；具有低密度、高压缩强度、小蠕变和良好的耐水性能，以及优越的隔热、隔音和电性能等特性，可满足不同的使用要求。

主要应用领域：军用舰艇、水下平台、深海探测设备、深水设备的保护罩、水下管道连接以及电缆牵引。

（3）轻质合成复合泡沫浮力材料

为了减小浮力材料的密度,在复合泡沫浮力材料中添加了由高强度纤维制成的大直径空心球。这些空心球与空心玻璃微珠以及环氧树脂组合形成了轻质合成复合泡沫浮力材料,又称为三相复合泡沫浮力材料。

特点:与两相复合泡沫浮力材料相比,三相复合泡沫浮力材料的密度更低,但这也意味着其耐压强度较低。这是因为在三相复合泡沫浮力材料中,空心球填充量增大,填充的环氧树脂减少,使得材料的性能主要取决于微球,尽管其强度要高于一般的化学发泡法浮力材料。

主要应用领域:三相复合泡沫浮力材料可应用于强度要求不高的场合,通常在水下 4 000 m内的区域。

不同材料在不同领域具有各自的特点。化学发泡法浮力材料和轻质合成复合泡沫浮力材料主要用于海面或浅海勘探设备;而空心玻璃微珠与树脂基体复合而成的中空微球复合泡沫浮力材料更适用于深海勘探设备,因为其密度相对较低,强度相对较高,更符合深海环境的需求。

常用化学发泡法浮力材料与轻质合成复合泡沫浮力材料的性能比较如表5-8所示。

表 5-8　常用化学发泡法浮力材料与轻质合成复合泡沫浮力材料的性能比较

性能	硬质聚氨酯泡沫塑料	PVC 硬质泡沫	聚苯乙烯泡沫塑料	环氧树脂硬质闭孔泡沫	轻质合成复合泡沫浮力材料
密度/（g/cm³）	0.14~0.4	0.03~0.1	0.2	0.32	0.32~0.85
拉伸强度/MPa	0.1~0.9	0.04~0.75	—	0.46	4.4~13.2
压缩强度/MPa	0.2~1.4	0.03~0.2	0.3	0.76	9.6~97.2
热导率/[W/（m·K）]	0.052~0.058	0.035	0.051	0.047	0.07
吸水率	—	—	—	—	<3%
介电常数	1.3	—	1.28	1.08~1.19	2.9
最大工作水深	水面用	水面用	水面用	水面用	全海深

4) 浮力材料在海洋工程领域的应用

（1）在深海运载和作业装备中的应用

为了满足深海工作的要求,通常使用高性能固体浮力材料来制备水下运载系统。这些由高性能固体浮力材料制成的水下运载系统能够下潜到更深的水域,提高有效荷载,减少能耗,并保持水下工作状态的稳定性。它们在 21 世纪的深潜技术中扮演着不可或缺的角色。

（2）在海洋石油系统中的应用

为确保深水石油勘探设备的工作稳定,必须安装固体浮力材料,以为其提供足够的静浮力。因此,固体浮力材料广泛应用于水下浮体模块、管线弯曲保护浮体、海缆及管线保护浮体、海洋钻井立管浮体、电缆及管线保护浮体、隔水管浮体、井口保护盖浮体、水面浮体、平台浮体、储油罐浮体等。

（3）在海洋调查监测系统中的应用

海洋观测仪器需要在恶劣的海洋环境中长时间工作,因此必须为其提供必要的保护和能够持续提供静浮力的浮力装置。早期的海洋观测仪器通常依赖空心金属桶和玻璃球来提供保护和浮力,但存在使用不便和浮力不足等问题。固体浮力材料具有密度小和出色的浮力提供能力的优点,同时拥有高耐压强度,能够有效保护仪器。因此,固体浮力材料逐渐取代了传统材料,成为海洋观测系统中不可或缺的组成部分。

（4）在海洋采矿系统中的应用

固体浮力材料在海洋采矿系统中主要用于调节机重，调整装置的浮力状态，以确保装置在水下能够正常稳定地工作。因此，固体浮力材料在海洋采矿系统中扮演着重要的角色。

（5）在浮标系统中的应用

海洋浮标是保障水上运输和航行安全的重要观测站，通常以观测浮标为主体。由高强度的固体浮力材料构成的浮标具有多种优点，包括良好的耐候性、无污染、实用性强、易于维护和经济性高等。因此，这些固体浮力材料被广泛应用于浮标系统中。

5.3.3　海洋工程材料防腐技术

1）海洋腐蚀的类别

海水含有丰富的导电离子，是天然的强电解质。大多数材料会受到海水或海洋大气的腐蚀，特别是在海洋环境中，腐蚀通常发生在不同区域，包括海洋大气区、海洋飞溅区、海水潮差区、海水全浸区和海底泥土区。腐蚀现象的发生通常与金属构件的结构和工艺有关。

（1）均匀腐蚀

均匀腐蚀是指金属表面上的腐蚀以几乎相同的速度进行的情况。与全面腐蚀不同，均匀腐蚀可以在金属表面的阴极区和阳极区难以区分的位置发生。

（2）点蚀

金属表面局部区域出现向深处扩展的腐蚀小孔称为点蚀，而金属的其余区域没有明显的腐蚀。点蚀通常表现出"深挖"的特性，一旦蚀孔形成，它往往会自动向深处腐蚀，因此具有极大的破坏性和安全隐患。点蚀的发生不仅与环境中存在的盐粒和污染物有关，还与材料本身的表面状态和处理工艺有关。

（3）缝隙腐蚀

构件在介质中，由于金属与金属（或非金属）之间具有微小缝隙，缝隙内的介质处于滞流状态，导致缝内金属加速腐蚀。这种局部腐蚀称为缝隙腐蚀。缝隙腐蚀在海洋飞溅区和海水全浸区尤其严重，同时在海洋大气中也有发现。

（4）湍流腐蚀

湍流腐蚀是在构件特定部位，由介质流速急剧增大而引起的磨蚀现象。这种磨蚀在许多金属如钢、铜、铸铁等中特别敏感，当流速超过某一临界值时，侵蚀会迅速发生。湍流腐蚀通常伴随着空泡腐蚀，有时两者难以区分。冲击腐蚀也属于湍流腐蚀的范畴，它是高速流体的机械破坏和电化学腐蚀两种作用对金属造成共同破坏的结果。

（5）空泡腐蚀

在流体与金属构件高速相对运动时，金属表面的某些地方会产生涡流，并伴随着气泡在金属表面迅速生成和破灭。这种情况呈现出与点蚀相似的破坏特征。在这种情况下产生的腐蚀称为空泡腐蚀，也叫作空穴腐蚀或汽蚀。这种类型的腐蚀通常呈现出蜂窝状的特点，是电化学腐蚀和气泡破灭引起的机械损伤共同作用的结果。

（6）电偶腐蚀

电偶腐蚀是由不同金属或电子导体构成的电化学电池对海洋环境的作用而引起的腐蚀。当不同种类的金属接触并暴露于海水中时，通常会出现明显的电偶腐蚀。电偶腐蚀的程度主要取决于这两种金属在海水中电位的相对差异以及它们的表面积比例,同时也与金属的极化性有关。通常,可以采取一些方法来管理或减小电偶腐蚀的影响,如在两种金属连接点添加绝缘层或在电偶的阴极部分添加绝缘保护涂层。

(7)腐蚀疲劳

腐蚀疲劳是金属材料在循环或脉动应力与腐蚀介质相互作用下发生的一种腐蚀现象。腐蚀疲劳不仅与海洋工程结构本身的腐蚀情况相关,还与外部因素如海浪、风暴、地震等因素有密切关联,是影响海洋工程结构安全性的重要因素之一。

2)合理选材控制腐蚀

在海洋工程中,常见的金属材料包括碳钢、铸铁、不锈钢、铜合金、铝合金、钛合金和镍合金等。碳钢和铸铁虽然价格低廉,但其耐腐蚀性相对较差,可以通过使用涂层和阴极保护等方法来增强其耐腐蚀性。不锈钢具有较好的抗均匀腐蚀性能,但容易产生点蚀。铜合金、铝合金、钛合金和镍合金等在抗腐蚀性方面表现较好,但价格较高。

合理选材既要确保海洋工程结构的承载能力,又要保证金属在使用期内不受腐蚀,同时还需要考虑经济性问题。在这方面,可以采取以下两个方面的策略:①根据具体的工作平台和使用环境,合理选择和组合材料。对于那些需要高度耐腐蚀性的部位,可以选择不锈钢、铜合金、铝合金、钛合金和镍合金等材料,以满足腐蚀抵抗要求;对于那些需要高强度但耐腐蚀性要求相对较低的部位,可以选择低碳钢和普通碳钢,并采用添加涂层和阴极保护等方法来增强耐腐蚀性;针对需要高耐腐蚀性和可靠性的设备,可以根据实际需要选择合适的不锈钢、铜合金、铝合金、钛合金和镍合金等。②当多种材料同时使用时,应避免出现宏观腐蚀电池问题。为此,应尽量选择电位序较为接近的材料,以减小电位差的影响。当不得不接触电位差较大的金属时,必须采取适当的电化学腐蚀防护措施,以降低腐蚀的风险。

3)阴极保护

阴极保护是一种在海水全浸条件下有效防止金属腐蚀的方法。通常,阴极保护方法包括两种主要类型:牺牲阳极保护和外加电流保护。工业中常见的牺牲阳极包括镁及镁合金、铝及铝合金、锌及锌合金,而在特殊情况下也可能使用铁阳极和锰阳极,不过这种情况较为少见。外加电流保护的原理是将外部直流电源的负极连接到被保护金属结构上,同时将正极连接到结构外部并与其绝缘的辅助阳极。一旦电路建立,电流从辅助阳极经由电解质溶液流向金属结构,形成电流回路,使金属结构成为电池中的阴极。这一过程导致金属结构的阴极极化,从而获得腐蚀保护。图5-10为船舶外加电流阴极保护系统的示意图。

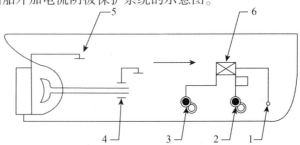

图5-10　船舶外加电流阴极保护系统

1—参比电极;2—阳极屏;3—阳极;4—轴接地装置;5—舵接地电缆;6—自动控制装置(电源)

4）表面涂层

表面保护覆盖层是常见的保护方法,包括在金属表面喷涂防腐蚀涂层、防污涂层,以及使用钛合金、镍合金、铜合金等材料进行金属包覆层保护。

海洋涂料是专门为海洋环境设计的一种涂料,包括船舶漆、海上采油平台漆、海上大桥和港湾设施漆等。理想的海洋涂料应该具备以下性能要求:

①优良的耐水性。必须能抵御外部恶劣环境的影响,承受海水连续浸渍。

②低吸水性。渗入并保留在基体树脂分子间的水分越少,保护性能越好。

③湿蒸汽的低迁移性。涂层的湿蒸汽迁移速率越低,保护性能越好。

④抗离子渗透性。必须能抵挡离子的通过,特别是 Cl^-、SO_4^{2-} 等。

⑤耐候性。大部分涂层长期处于暴晒状态,优良的耐候性能够保证海洋涂料长期保持优良的性能。

此外,理想的海洋涂料需要满足一系列严格的要求,包括抗渗析性、抗电渗析性、耐化学性、耐附着性、耐磨损性、抗化学腐蚀性、缓蚀性、易施工性、抗霉菌性和抗细菌性、易于修补和修整、抗老化性以及装饰性。海洋结构钢的防腐蚀涂料可根据其成膜物质分为多个系列,包括沥青漆、酚醛树脂漆、醇酸树脂漆、氯化橡胶漆、环氧树脂漆、聚氨酯漆、高氯化聚乙烯漆、无机硅酸富锌底漆等。

5.4　海洋通用技术

5.4.1　水下连接技术

水下连接器一般分为两种主要类型,即干式连接器和湿式连接器。干式连接器通常设计用于陆上插拔,但也可在水下使用。它们通常采用橡胶密封或玻璃金属密封来确保连接器的密封性。其中,玻璃金属密封的连接器能够承受高达 100 MPa 的压力,因此能在水下深达 7 000 m 范围内的电子系统中应用。湿式连接器专为水下应用而设计,可在水下插拔和使用,种类繁多。

1）水密插接件

水密插接件属于干式连接器,主要用于连接和配对水上或水下电缆。这些插接件由高质量材料制成,具有卓越的水密性能,广泛应用于各种水下应用场合,包括水下仪器系统、水下通信系统、潜艇系统、声呐系统、水下机器人系统、海洋开采设备、深井、水下遥控机器人系统、鱼雷系统等。它们在水下机电通用装备中扮演着至关重要的角色,负责连接和传输水下动力和信号。因此,水密插接件必须具备出色的电气性能、可靠的水密性能以及卓越的耐海水腐蚀性能,以确保在正常通信条件下可靠运行,并在电缆受损情况下保障设备的安全性。

水密插接件需具备以下特点:防水密封性能良好,能承受高压,保持电性能稳定可靠;具有低接触电阻,确保电接触可靠;插拔时分离力小,便于连接和断开。这些插接件常用于海上油气开采中的水下设备、仪器、压力变送器、水声设备、ROV 与水下摄像机等领域。

水密插接件采用纯密封结构,可实现水下连接并具有出色的密封性能,保证连接的简便、高效和可靠。即使电缆发生损坏,连接器内部也不会短路。其绝缘材料能够长期浸泡在水中而不失去绝缘性能。此外,水密插接件还需要具备快速插拔、防爆、混装以及反压等特点。

2)水下快速湿插拔技术

实现水下快速湿插拔依赖于连接器的密封结构设计。水下插拔连接技术的发展始于20世纪60年代,20世纪90年代后期,第一代商用水下插拔光纤连接器问世。从技术类型的角度来划分,水下插拔可以分为电连接和光纤连接。

水下插拔技术已广泛应用于军事、海洋探测、水底通信和海啸预警系统,在降低系统维护成本、延长系统使用寿命以及为未来升级换代提供强大技术支持方面发挥了重要作用。通过采用水下插拔连接器,可以在水下通过遥控潜水器来增加或减少水下系统的特定组件,无须将整个系统打捞到水面,大大缩短了替换时间。这为在偏远和深海区域的系统集成和维护提供了便利,同时也为通信行业提供了多个接口,以满足未来新的带宽需求,特别是在海底光网络建设方面。

水下湿插拔插合原理如下:水下插拔连接器采用充油与压力平衡的方式,它由插头和插座两个充油密封舱构成,密封舱的前端配备橡胶塞,插针排列在密封塞的后面。如图5-11所示,在连接时,首先将密封舱的前端紧密地贴合在一起,彼此挤压,将橡胶塞外的水排出;然后继续挤压密封塞,使两个密封舱内的绝缘油相互连通;最后压缩弹簧,插头密封舱中的插针通过密封通道与插座密封舱中的插孔连接在一起。拆卸过程与连接过程相反。这一设计确保了在连接或拆卸时,插接部件一直处于绝缘油环境中,确保连接的可靠性和安全性。

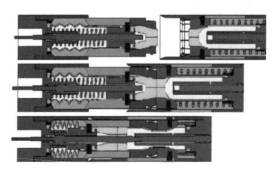

图 5-11　水下快速湿插拔过程示意图

3)可靠耐压线缆技术

水下线缆通常包括电缆、光缆、光电复合缆以及脐带缆等多种类型。下面以脐带缆为例,详细探讨水下线缆的构成、特性和设计技术。

水下脐带缆通常用于连接水面系统和水下系统,或者用于水下系统之间的通信和动力传输。脐带缆主要分为热缩管脐带缆、钢管脐带缆、动力电缆脐带缆和综合功能脐带缆。通常,脐带缆由功能单元和加强单元两部分组成。功能单元包括管单元、电缆单元和光缆单元,而加强单元由聚合物层、聚合物填充材料以及碳棒或钢丝构成。这些不同的单元在脐带缆中发挥着各自独特的作用,具体细节可以参考表5-9。

表 5-9　脐带缆的组成及作用

脐带缆组成		作用
功能单元	管单元	输送液压液或其他化学药剂等流体
	电缆单元	输送电力信号
	光缆单元	数据传输
加强单元	聚合物层	绝缘和保护
	聚合物填充材料	填充空白和固定位置
	碳棒或钢丝	提高轴向刚度、强度

脐带缆采用螺旋技术组装而成。首先,形成一个环状束,然后使用热塑性护层将环状束包覆。根据需要,可以添加两层或多层铜丝铠装,这些铜丝之间的螺旋走向相反,以提高缆线的强度。接着,再次使用护层进行包裹。此外,脐带缆还包括用于绝缘和保护的聚合物护套,用于填补空隙和固定其他管线位置的填充物,以及具有提高轴向刚度和强度能力的铠装钢丝或碳棒。

4) 非接触式连接技术

以电能传输为例,在水下应用中,密封是首先需要解决的问题。不过,复杂的密封结构会引发上述提到的使用问题,并增加高昂的制造成本。

电能的传输方式除了直接的导电传输之外,还包括电磁感应,如电力变压器等。这种传输方式的主要优势在于电源侧和负载侧的电路被完全隔离,电能通过线圈之间的电磁耦合以非接触的方式传输。两侧电路可以独立密封,连接后不需要改变密封结构,因此,不需要复杂的密封结构来确保电路系统与环境隔离,也不需要施加外力来确保金属电极接触。所以,非接触式电能传输(CLPT)比传导传输方法更适合在水下环境中应用。

CLPT 技术是基于法拉第电磁感应定律发展而来的,它利用线圈之间的电磁感应过程,将电能转化并传输在电场和磁场之间。其原理和在水下环境中的应用如图 5-12 所示。CLPT 系统在应用中不需要高度精确的位置定位和大幅度的安装力,因此具有较低的磨损、更长的使用寿命。相对于传统的湿式插拔接口而言,CLPT 系统具备更高的安全性和可靠性,尤其适用于海洋环境,特别是深海。图 5-12(b)展示了 CLPT 的电路系统结构原理,可见初级电路和次级电路相互独立,在电路结构上实现了完全隔离,消除了对接过程中潜在的漏电和电击等安全隐患。初级电路和次级电路通过线圈之间的互感作用传输能量,以"电—磁—电"的方式实现电能的转化、传输、发射、接收,并供应给负载。

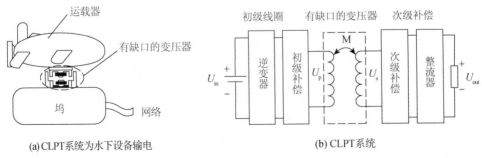

(a)CLPT 系统为水下设备输电　　　　(b) CLPT 系统

图 5-12　水下 CLPT 系统原理示意图

5.4.2　水下能源供给技术

◈ 1）长程高效动力传输技术

对于 ROV 和海底观测网络来说,长程高效的动力传输技术尤为重要。目前,高压交流输电和高压直流输电是两种成熟的远距离电能传输方式。考虑到海水是导体,水下布设的设备采用交流输电方式会面临一些挑战。由于电缆具有大容量的电容,会产生无功功率,因此,需要在线路中间设置并联电抗来补偿。这使得交流输电方式在实际应用中不太可行。

不同的是,尽管高压直流输电同样会受到对地电容的影响,但由于其电压波形纹波较小,在稳态时电容电流非常有限,电压分布沿线保持平稳,不会出现电压异常升高的情况,因此不需要引入并联电抗来进行补偿。因此,在水下长程高效电能传输方面,采用高压直流输电方式更为合适。

在海岸基站上,首先对低压 380 V 交流电进行升压和变流,将其转化为 10 kV 高压直流电。然后,采用单极金属回路方式,通过海底电缆将这 10 kV 高压直流电远距离输送到海底接驳盒中。最后,在接驳盒内部通过高压-低压的 DC/DC 转换器,将 10 kV 高压直流电的电压降低,转换成 48 V/24 V/12 V 低压直流电,以满足各种水下设备运行所需。

◈ 2）长效高密度电池技术

深海探测、采样和其他水下操作所需的机电设备包括自主式潜水器、载人潜水器、混合型遥控潜水器、深海钻机、各种深海底取样和原位测量仪器,以及海底长期观测站等。这些设备通常在全部或部分操作阶段需要水下电池单元来提供动力。水下电池单元作为这些水下机电设备的动力来源至关重要。

在短短的十几年内,锂离子电池在各个方面的性能都取得了显著的进步。然而,水下装备的不断发展对动力锂离子电池提出了更高的要求。为了满足水下装备的需求,各发达国家正在投入大量的人力和物力,开展关于水下装备用锂离子电池的研究,主要研究方向包括锂离子电池的安全结构设计、电池管理系统的设计,以及新材料的研究。随着锂离子电池技术的不断进步,可以预见锂离子电池在水下装备领域将呈现广阔的发展前景。

◈ 3）深海电能节能与管理技术

水下复杂机电设备的电能节能与管理对于海底观测网络至关重要。下面以海底观测网络的电能供给为例,来说明深海电能的节能与管理技术。海底观测系统的电能负载是不断变化的,随着负载的波动,电缆中的电压和电流也相应变动。能量管理和控制系统的作用在于确保电压和电流在可接受范围内波动。当系统因负载过大而导致电压低于最低限制时,能量管理和控制系统需要立即采取措施,可以调整来自海岸供能点的输出电压或舍弃部分负载,以使电压恢复到可接受范围内。因此,在整个海底观测网络的运行过程中,能量管理和控制系统需要持续监测电缆上的电压和电流数值,根据情况来调整源电压,甚至舍弃部分负载,以确保整个电缆网络的电压和电流维持在可接受范围内。这种方法保证了系统的稳定运行和电能的有效利用。

5.4.3　水下推进技术

1) 集成电机推进技术

集成电机推进器(IMP)作为一种新型水下推进装置,采用一体化结构,主要包括导流罩、集成电机、静液栅和转子叶片。在这种设计中,电机的转子和泵喷射推进器的转子融合在一起,同时电机的定子和推进器的导流罩也被整合在一起。这一布局省去了传统电机所需的冷却水套、电机辅助冷却系统,以及电机和推进器之间的驱动轴和联轴节,从而提高了水下潜航器的有效负载能力,扩大了内部空间,提高了执行任务效率,延长了续航时间。

相对于传统的推进系统,IMP 具有诸多优势,包括结构紧凑、轻量化、低噪声和低振动、良好的散热性能、高效率以及易于维护。此外,IMP 可以在后期进行安装,适用于水下机器人、鱼雷等水下设备的推进系统,同时也适用于其他水下航行器的动力推进系统。

2) 全液压推进技术

液压推进系统是主机通过液压泵传递液体静压力来驱动液压马达,从而推动螺旋桨。采用这种系统后,柴油机与螺旋桨之间没有刚性连接,因此传动平稳、振动小、噪声较低,且磨损较少。而且,在不需要改变柴油机的转速和转向的情况下,可以轻松实现螺旋桨的调速和换向,使操纵更加灵活,从而提高船舶的机动性。由于液压传动可以实现无级调速,因此,螺旋桨与主机之间的协同效应较好。此外,采用液压推进系统后,多台柴油机的功率可以集中供给一个螺旋桨,非常适合大功率传动。整个动力装置的质量和尺寸指标都得到显著改善,而且由于柴油机与螺旋桨之间不需要轴系连接,主机可以根据需要安装在机舱的任何位置,因此机舱布置非常灵活。溢流阀可以有效解决螺旋桨负载突增或堵转时的系统保护问题,提高系统的安全性和可靠性。然而,液压推进系统的传动效率较低,而且对液压油的质量和密封装置的要求较高。

3) 喷水推进技术

喷水推进是一种通过推进泵将水流喷射以产生反作用力来推动船舶前进的推进方式。与传统的螺旋桨轴系相比,喷水推进技术的发展较为缓慢,主要原因是相关理论研究尚不成熟,某些关键技术尚未突破。然而,喷水推进具有多个传统螺旋桨无法比拟的优点,包括高推进效率、出色的抗空泡性能、较小的附体阻力、出色的操纵性、简化的传动轴系、良好的保护性能、低运行噪声、适应不同的工况,以及有益于环保。

不过,目前喷水推进技术仍存在一些尚待克服的缺点:喷水推进装置(见图 5-13)进水口的功率损失占主机总功率的 7%~9%,目前尚未找到有效降低这一损失的方法;在转弯时,船舶的推力会有所减小;缺乏一套操作灵敏且水动力性能优越的倒车装置;浅吃水航行时存在在沙砾较多的水域可能吸入碎石和沙砾的风险。

4) 仿生推进技术

仿生推进技术突破了传统的螺旋桨推进理论,为水下航行体的推进方式带来了一场革命,它是仿生学和水下航行体推进原理的巧妙结合。近年来,随着仿生学研究的不断进步,科研人

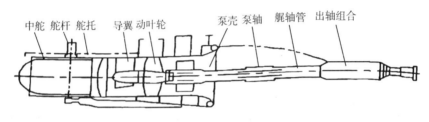

中舵　舵杆　舵托　导翼　动叶轮　泵壳　泵轴　艉轴管　出轴组合

图 5-13　喷水推进装置示意图

员的关注逐渐集中在长期生活在水下,尤其是能够在水中自由游动的鱼类的游动机理上。伴随着仿生学、材料科学、自动控制理论等学科的不断发展,借鉴鱼类的游动机理来推动水下机器人发展已经成为现实。这种方法不仅打破了传统的水下推进方式的限制,还在水下航行领域引领了一场技术革新,为水下探测、研究和应用带来了新的可能性。

与传统螺旋桨推进器相比,仿鱼鳍水下推进器具有如下特点。①能源利用效率高:初步试验结果表明,仿鱼鳍新型水下推进器的效率可提高 30%~100%。这代表着仿鱼鳍水下推进器能够长期节省能源,提高能源利用效率,从而延长水下操作时间。②优化流体性能:仿鱼鳍水下推进器受鱼类尾鳍摆动的启发,产生的尾流对水下推进具有积极影响,使其具备更理想的流体动力学性能。③增强机动性:采用仿鱼鳍水下推进器能够提高水下运动装置的启动、加速和转向性能,从而提升机动性。④降低噪声与环保:仿鱼鳍推进器运行时噪声较低,有助于减少环境噪声并提高环保性。⑤一体化推进与舵控:仿鱼鳍水下推进器的应用实现了推进和舵控的一体化,简化了结构和系统。⑥灵活的驱动方式:对于微型水下运动装置,可以采用形状记忆合金、人造肌肉、压电陶瓷等多种驱动元件,提供更加灵活的驱动方式。

5)四种推进技术的优点和缺点

四种推进技术的优点和缺点如表 5-10 所示。除了这几种技术之外,还有直接传动推进、齿轮传动推进、可调螺距螺旋桨推进、磁流体推进等。

表 5-10　四种推进技术的优点和缺点

推进技术	优点	缺点
集成电机推进技术	结构紧凑,质量小,噪声低,振动小,散热好,效率高,维护方便	发电机与电动机间存在能量损失,推进效率低,过载保护能力差等
全液压推进技术	传动平稳,振动小,噪声低,磨损少,操纵灵活,可以实现无级调速	传动效率低,对液压油的质量要求高,系统密封性要求高
喷水推进技术	推进效率高,抗空泡性强,附体阻力小,操纵性好,传动轴系简单,保护性能好,运行噪声低	经济性较差,船舶的排水量明显增大,有可能会吸入沙砾和碎石等
仿生推进技术	推进效率高,机动性高,噪声低,稳定性高	技术尚未成熟,推进功率有限,系统模型较为复杂等

第6章
典型使能性海洋技术

6.1 潜水器技术

6.1.1 潜水器的类别及关键技术

1) 潜水器的概念

人类到达深海主要依靠一种被称为"潜水器"的运载技术与装备实现。潜水器是指具有水下观察和作业能力的水下运载装备,有的可以运载科学家、工程技术人员,并携带各种探测、作业装备到达水下(水底)进行考察、勘探、搜救、资源开采等作业,并可以作为科学家或工作人员活动的水下作业母船。

潜水器是人类探索和开发海洋的重要工具,在海洋科学研究、海洋科学考察、海洋资源探查与开发、水下救援、水下施工作业、军事等方面发挥着重要的作用。

2) 潜水器的分类及用途

潜水器分类有不同的依据:根据是否载人可分为载人潜水器和无人潜水器;根据是否带缆可以分为带缆潜水器和无缆潜水器。总体上讲,常用的潜水器有载人潜水器、遥控潜水器、自主式潜水器、水下滑翔机、混合式潜水器等。

(1)载人潜水器(HOV)

HOV 就像一艘微型潜艇,它能够运载科学家、工程技术人员和仪器设备到达水下环境,进行科学探查和作业。现在大多数 HOV 属于自由自航式潜水器,自带能源,在水面和水下有多个自由度的机动能力,主要依靠耐压壳体或部分固体浮力材料提供浮力,最大下潜深度可达11 000 m,机动性好,运载和操作也较方便。但其缺点是,由于自带能源,因此水下有效作业时间有限。此外,其作业能力也有限,且运行和维护成本高,风险大。目前,HOV 大都用于海洋科学考察及与其相关的水下作业。

(2)遥控潜水器(ROV)

与 HOV 不同,ROV 是通过脐带缆与水面母船连接的。脐带缆担负着传输能源和信息的使命,母船上的操作人员可以通过安装在 ROV 上的摄像机和声呐等专用设备实时观察海底状况,并通过脐带缆遥控操纵 ROV、机械手和配套的作业工具进行水下作业。

（3）自主式潜水器（AUV）

AUV是无人无缆潜水器,自身携带能源,依靠预先编制的程序指令进行自主控制,机动性好,适合大范围探查。AUV一般无法进行机械手精细作业,多用于携带声学、光学和物理化学传感器等小型设备进行海洋科学考察、海底资源调查、海底底质调查等。其局限性是：由于自带能源,其水下有效工作时间有限,水下负载作业能力比较弱。

（4）水下滑翔机（AUG）

AUG是近年来发展起来的利用水动力实现潜水器的上浮下潜和前进运动的一种新型潜水器,可携带小型仪器进行长距离、大范围的水体剖面调查,具有成本低、航程长、操作方便、使用安全并可大量投放等特点,满足了长时间、大范围海洋探索的需要。另外,AUG滑翔时由于无动力推进,其噪声极低,这个重要的特点使得其在军事上也有很大的应用价值。其缺点是运载能力弱,没有作业能力。

（5）混合式潜水器

混合式潜水器通常是指结合ROV和AUV的特点而形成的一种新的潜水器系统,其自带能源,携带光纤微缆,具有自主遥控、半自主遥控等作业模式,可在海洋环境下实现较大范围搜索、定点观测以及水下轻作业。其优点是下潜深度和活动范围大、吊放相对简单、远近粗细作业兼顾、可进行大范围搜索和近目标观察取样等轻作业,弥补了ROV活动范围小和AUV无法进行机械手精细作业的缺点。但是,由于依靠自带能源进行作业,其作业能力较弱。

综上所述,各类潜水器在实际应用中各有优势,又都有其局限性,在性能和功能上既有重叠又各有特点,见表6-1。

表6-1 各类潜水器适应性和局限性对比

项目	HOV	ROV	AUV（AUG）
动力连续供应,持续时间、作业时间长		☆	
活动范围大			☆
能使用机械手	☆	☆	
作业能力强		☆	
操作员安全性高		☆	☆
实时直接观察	☆	☆	
综合费用低		☆	☆
甲板设备简单			☆
作业时不需要母船动力定位	☆		☆
操作员紧张程度低			☆
回收难度小		☆	
适宜结构复杂的空间作业		☆	
需要科学家亲临现场	☆		
适合多机器人联合作业			☆
作业时不受海面气象影响	☆		☆

3）潜水器的关键技术

与潜水器相关的技术有很多。首先,潜水器所用的材料需要耐海水腐蚀。深海存在极端的高压,潜水器的密封技术和耐压技术十分重要。其次,潜水器上安装的各个部件也十分关键,如电池、脐带缆、推进系统、作业工具(机械手和专用工具)、照明系统、摄像系统、传感器等。再次,潜水器的控制部分是核心技术,包括运动控制和作业工具的控制。最后,潜水器的支撑技术也很重要,如配电系统、控制室、潜水器的吊放与回收系统、潜水器与母船间的水声通信等。不同种类的潜水器用到的技术各有不同,具体如图6-1所示。

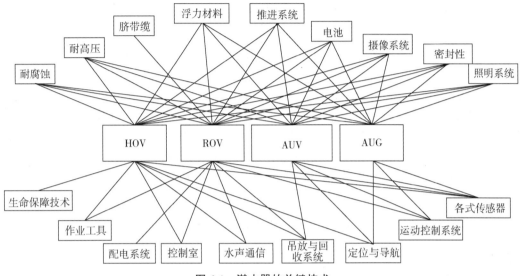

图6-1　潜水器的关键技术

6.1.2　无人潜水器

1)ROV

ROV的优点在于动力充足,作业时间不受能源限制,作业能力强,可以支撑复杂的探测设备和较大的机械作业用电,信息和数据的传递和交换快捷方便、数据量大,因此其在海底资源开发、深海救捞作业、海底通信光缆敷设、水力发电、隧道检测和维修以及水下采样等方面发挥着重要作用。

(1)类别

按规模,ROV可分为小型、中型、大型、超大型;按功能,ROV可分为观察型和作业型;按运动模式,ROV可分为浮游式和着底爬行式(履带、轮式);按动力,ROV可分为液压驱动和电动两种。

①小型ROV体积小、重量小、操纵系统简单,主要用于水下观察,因此多为观察型ROV。

②中型ROV在空气中的重量为几百千克,除具有小型ROV的观察功能外,还配有机械手和声呐系统,能进行简单作业和定位。

③大型ROV体积大、重量大,在空气中的重量可达几吨,具有较强的推进动力,配有多种水下作业工具和传感定位系统,具有水下观察、定位和重负荷水下作业能力,是目前水下作业,尤其是海上油气田开发中应用最多的一类。

④超大型ROV在空气中的重量可达到十几吨乃至数十吨,专业用于水下的特殊作业,如管道埋设等。

（2）系统组成

对于不同用途的 ROV 系统,其系统组成也不同,系统的复杂程度与其功能、作业水深密切相关。通常,ROV 系统不外乎由以下七个部分组成:主脐带缆、甲板操作控制系统、吊放回收系统、ROV 本体、电力传输与分配系统、作业工具包、作业机械手系统,其中主脐带缆、甲板操作控制系统、ROV 本体、电力传输与分配系统为基本配置,其余部分可根据系统规模、作业需求等进行配置。深海 ROV 作业系统的组成如图 6-2 所示。

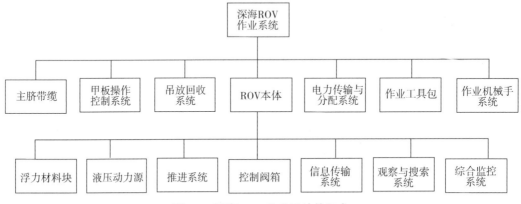

图 6-2　深海 ROV 作业系统的组成

2）AUV

相比 ROV 而言,AUV 没有脐带缆,运动更加灵活,使用更加方便,可以深入复杂地形进行观察与作业,而不必担心由于脐带缆破损或者缠绕而发生作业事故。但是,AUV 由于必须自带动力源,航行距离和下潜深度一般都不如 ROV,有很大的局限。

（1）AUV 的类别

①按照智能水平可以将 AUV 分成预编程型 AUV、智能型 AUV 和监控型 AUV。

A.预编程型 AUV。预编程型 AUV 是最初开发的一种,这种 AUV 执行的命令是预先编制好并下装到 AUV 中的。在执行命令的过程中,AUV 按照程序进行作业,这类 AUV 具有故障处理能力和规避障碍能力,此类 AUV 还能接收遥控命令改变原来的命令程序。预编程型 AUV 已经进入了实用化阶段。

B.智能型 AUV。智能型 AUV 是指 AUV 具备一定的自主行为能力（智能）,包括在线路径规划能力、规避复杂障碍能力、决策能力、目标自主识别能力、协同作业能力等。限于目前的技术水平,特别是机器智能的发展水平,AUV 仅能自主执行简单的命令,还无法完成复杂的作业命令。

C.监控型 AUV。人们在这类 AUV 执行命令过程中,只是有限地介入,或者说只是在高层次介入。例如,操作者可以下令 AUV 在某个时刻应该做某件事,但是完成这件事的动作由 AUV 自己产生。监控型 AUV 的能力是上述两种类型 AUV 能力的折中,人的参与仅限于做一些思考和决策工作,具体的动作和执行由潜水器来完成。

②按照应用目标可以把 AUV 分成军用和民用两种。军用 AUV 的应用主要有反水雷、作为攻击型武器、进行侦察和破坏等。民用 AUV 的应用比较广泛,主要用于海底资源调查、海洋科学研究等领域。

③按作业范围可以将 AUV 分为局部使命型和长航程型两类。局部使命型是指在局部小范围内执行作业命令,例如在海上石油钻井平台下部作业。这类 AUV 要求机动灵活、可携带工具或工具包,其作业命令类似于 ROV,其优点是没有电缆纠缠问题。显然,作业命令对这种 AUV 的自主能力要求很高,这种 AUV 是未来 AUV 发展的重要方向。长航程型是指一次补充能源后能连续远距离航行,远距离航行是 AUV 执行命令的主要行为。

(2)AUV 的系统组成

①水面控制台。水面控制台通常用于 AUV 下水前的调试、命令下载、AUV 作业过程中监控(借助声学定位系统或声通信)、AUV 数据上传及处理。水面控制台的大小和形式各不相同,通常采用便携式箱体,也可采用小型控制柜。

②水下载体。水下载体包括载体结构、控制/导航系统、能源系统、推进系统和传感器系统。

A.载体结构。AUV 载体外形通常采用鱼雷形或其他流线形状,保证其在水中航行时具有良好的水动力特性。浅海 AUV 通常采用耐压舱结构,将所有的控制电路、能源、传感器都布置在舱内,形成一个密封的结构。深海 AUV 通常采用框架结构,将耐压舱布置在框架上,在框架外采用浮力材料或蒙皮包络形成流线形状,减小阻力。

B.控制/导航系统。控制/导航系统是 AUV 最重要的系统,涉及 AUV 运动控制导航、路径规划、避碰、故障诊断、应急处理、数据管理等。AUV 的导航包括自主导航和组合导航,不依赖于母船。AUV 的控制可以分成顶层控制和底层控制两部分,涉及许多方面,如机器视觉、环境建模、决策规划、回避障碍、路径规划、故障诊断、坐标变换、动力学计算、多变量控制、导航、通信、多传感器信息融合以及包含上述内容的计算机体系结构等。

C.能源系统。能源系统为 AUV 供电,使 AUV 能在水下连续航行。常用的能源有蓄电池、燃料电池、太阳能电池等。早期 AUV 采用银锌电池和铅酸电池,近年来锂电池得到了广泛应用。在能源选择方面,除要求体积小、重量小、能量密度比大外,安全性是需要考虑的主要因素。

D.推进系统。推进系统主要包括电机和螺旋桨,AUV 推进系统常用无刷直流电机驱动螺旋桨。推进器的数量取决于 AUV 的命令要求。

E.传感器系统。传感器系统是指 AUV 为了完成某一使命而搭载的声学、光学、电子、磁设备或作业工具。一个使命可配置一个或多个传感器。常用的声学传感器有前视声呐、侧扫声呐、浅地层剖面仪、温盐深仪、探测声呐、多波束声呐等,光学传感器有水下照相机、摄像机等。

3)AUG

理论上讲,AUG 是自主式水下航行器的一种,具有能耗低、巡航范围广、在位工作时间长、成本低、易操作等特点。与自持式中性浮标相比,AUG 的主要不同之处是轨迹可控。AUG 已广泛应用于海洋环境自主观测、海洋生物与生态学研究、气候与气象服务、油气工业应用、极区观测与冰山研究以及军事应用等诸多方面。

(1)工作原理

AUG 通过改变自身浮力和质心位置,产生锯齿形滑翔运动,并在运动过程中通过搭载的传感器进行海洋环境观测。AUG 的具体工作流程如下:在预设程序控制下,通过浮力驱动单元使 AUG 的浮力小于重力,开始下沉,同时通过调整重心位置,使其头部向下倾斜;借助海水在固定水平翼和垂直尾翼产生的作用力,实现向前向下滑翔运动;到达预定深度后,通过浮力驱动单元,使 AUG 所受浮力大于重力,实现系统运动由下降到上升的转变;同时改变滑翔姿态,使其头部向上倾斜,实现向前向上滑翔运动;AUG 在滑翔过程中,通过调整重心位置,改变仰俯角和滚转角,按照预定滑翔角和航向,保持稳定滑翔运动,并测量海洋环境参数;AUG 位于水面时,通过 GPS 定位系统确定自身位置,并通过卫星通信发送数据和接收指令。

（2）系统组成

AUG 主要由以下单元组成:载体结构、浮力驱动单元、滑翔运动与姿态控制单元、导航定位与卫星通信单元、环境参数测量单元、电源模块及辅助单元等。图 6-3 为 AUG 系统主要构成示意图,AUG 典型布局方式如图 6-4 所示。

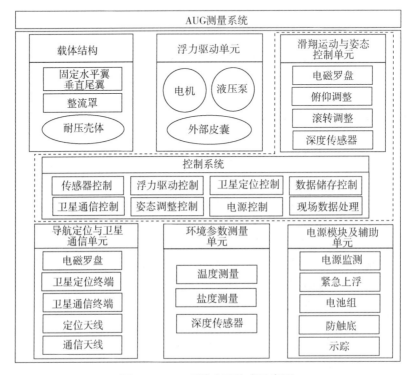

图 6-3　AUG 系统主要构成示意图

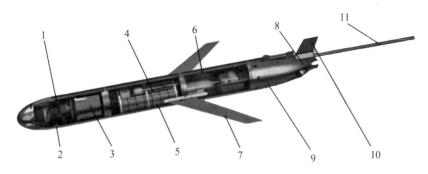

图 6-4　AUG 典型布局方式

1—浮力驱动单元;2—耐压壳体;3—油箱;4—俯仰横滚姿态调整机构;5—电池;
6—控制传感电子舱;7—水平翼;8—螺旋桨推进单元;9—抛载模块;10—垂直尾翼;11—天线

4)混合式潜水器

（1）基本概念

混合式潜水器是指将两种不同的潜水器的优势结合在一起,形成的一种新的潜水器系统。混合式潜水器是近十几年来发展起来的新型潜水器系统,在国际上还没有统一的定义或名称。目前,有两种混合式潜水器研制成功并得到应用:一种是 AUV 技术和 AUG 技术结合形成的潜水器,称为混合式 AUV 或混合式 AUG;另一种是 AUV 技术和 ROV 技术结合形成的新型潜水器,称为自主/遥控潜水器(ARV)。

混合式 AUV 或混合式 AUG 结合了 AUV 航速较高、可精确观测的特点和 AUG 功耗低、续航能力强的优势,使得潜水器续航能力大大提高,同时具备了在水平面和垂直面进行观测的能力。当该混合式潜水器中的 AUV 功能更强时,称为混合式 AUV;当它的 AUG 功能更强时,则称为混合式 AUG。

ARV 是一种集 AUV 和 ROV 的特点于一身的新型混合式潜水器,自带能源,携带光纤微缆,具有自主、遥控、半自主等作业模式,可在海洋环境下实现较大范围搜索、定点观测以及水下轻作业。

（2）主要特点

混合式潜水器通常结合两种潜水器的优势,它具有两者的优点,并弥补双方各自的不足。如混合式 AUV 或混合式 AUG 将 AUV 与 AUG 的优势结合,既可以实现水平面观测及大范围垂直剖面观测,还可以在浅海区域执行海洋环境观测任务。

同样,由 AUV 与 ROV 混合而成的 ARV,结合了 AUV 和 ROV 的特点。这种潜水器自带能源,携带的光纤微缆只传输数据,当潜水器工作在 AUV 模式时,可进行较大范围的水下搜索、调查;当潜水器工作在 ROV 模式时,可进行局部区域的精确调查和作业。ARV 最重要的特点是 AUV、ROV 两种模式在水下可根据需要进行切换,而不需要事先在甲板上设置好。也就是说,ARV 所具备的特性是 AUV 或 ROV 不能拥有的,两者的结合使得一些海洋观测和作业应用成为可能。

6.1.3　载人潜水器

当前尽管无人潜水器的研发技术已相对成熟,但是无人潜水器还替代不了人在现场的主观能动性。因此,载人潜水器的发展仍然受到很多国家的高度重视,被称为"海洋学研究领域的重要基石"。

1)载人潜水器的结构组成

载人潜水器受到作业环境条件的约束,其机械结构组成必须满足水密性和坚固性的要求。根据不同系统结构的承压要求不同,载人潜水器的物理结构有耐压式和非耐压式之分:耐压式结构主要包括单球壳和圆柱壳,尤其是载人球壳;非耐压式结构主要是指载人潜水器的结构框架和外部结构。

（1）耐压式结构

载人潜水器的耐压式结构设计主要是为潜水器内部操作人员或者仪器设备提供搭载空间,提供一个常压的工作环境,从而使其免受海水高压力和海水腐蚀的直接作用。另外,在水深较小的情况下,耐压结构同时还可以为潜水器提供正常作业所需的浮力。耐压结构的设计与载人潜水器的总体布置及水动力性能直接相关。对于大深度载人潜水器而言,载人壳体一般为球形结构,通常可以容纳1~3名操作人员或者科学家,壳体的直径为1.6~2.1 m,在壳体上一般分布有1个人员出入口和数个观察窗口。载人壳体要承受水压的作用,因此壳体主要采用高强度钢或高强度钛合金经焊接或法兰连接而成。载人壳体是载人潜水器的主要组成部分,其重量占潜水器总重量的1/4~1/2。除了载人壳体之外,载人潜水器还包括可调压载水舱、高压气罐、配电罐、计算机罐、通信罐、水声通信机罐、测深侧扫声呐罐等小尺寸壳体结构。其中,可调压载水舱、高压气罐通常设计成球形结构,而配电罐、计算机罐、通信罐、水声通信机罐、测深侧扫声呐罐等通常设计成圆柱形结构。

(2)非耐压式结构

载人潜水器的非耐压式结构无法提供常压工作空间,主要用来为耐压舱及耐压舱外部设备提供支撑和改善潜水器的水动力性能,一般可以分为框架结构和外部结构。

框架结构主要是为载人潜水器的各种耐压壳体和相关仪器设备提供安装基础,同时为一些外部结构提供支撑。另外,在潜水器吊放回收以及母船系固和坐底时,框架结构还是主要的承载结构,是各类设备总装集成的载体。在设计过程中,框架结构要满足总强度和局部强度要求、回收强度要求以及底部支架的水下着底强度要求;通常采用抗海水腐蚀的钛合金组合型材制造;另外,在设计过程中还需要考虑框架首部结构防撞以及设备的固定和维护要求。

载人潜水器的外部结构通常包括浮力块、轻外壳、可调压载水舱和稳定翼等结构。浮力块的主要功能是为潜水器提供一定的浮力,其材质应性能优异、便于机加工。浮力块作为潜水器整体外形的组成部分,其形状设计应充分考虑对载人潜水器的水动力性能的影响。轻外壳通常是指包覆在载人潜水器外部的一层玻璃钢壳体,在改善潜水器整体形状的同时,对内部设备也起到一定的保护作用。可调压载水舱的主要作用是确保潜水器浮出水面时具备足够的浮力以保证干舷。稳定翼用来提高稳定性和水动力性能。

🐚 2) 载人潜水器的生命支持系统

载人潜水器必须配备一套生命支持系统,以保障潜水器中操作人员的正常工作与日常生活。该生命支持系统的主要功能是对耐压舱室内的大气环境参数进行有效控制,通过调节耐压舱室内的氧气浓度,清除舱室内的二氧化碳、异味以及湿气,实时监测耐压舱内的温度、压力、湿度等环境参数,为舱内人员提供一个良好的生存环境。

(1)主要技术指标与性能要求

载人潜水器生命支持系统的主要技术指标一般包括生命支持总时间、耐压载人球壳内氧气和二氧化碳浓度控制范围、任务可靠性(时长),以及系统的总重量、总体积与总功率。需要注意的是,生命支持总时间包括正常工作生命支持时间、应急开放式工作生命支持时间以及应急口鼻面罩式生命支持时间,由于载人潜水器所处环境的特殊性,应急开放式工作生命支持时间最长。

载人潜水器的生命支持系统内氧气的供应与二氧化碳的清除最为关键,因此在性能要求方面,载人潜水器应该具备正常供氧、应急供氧和口鼻面罩式供氧三套相对独立的供氧装置,当自动供氧系统发生故障时,可立即切换为人工手动操作模式;配置两套二氧化碳吸收装置,互为备用。另外,生命支持系统的性能要求还体现在对耐压舱室内大气环境参数的实时监测方面,以

"蛟龙"号载人潜水器为例,耐压舱室内环境参数的监测要求如表6-2所示。

表6-2 "蛟龙"号载人潜水器耐压舱室内环境参数的监测要求

指标名称	覆盖范围	显示分辨率
氧气浓度	0~25%	≥0.1%
二氧化碳浓度	0~1.2%	≥0.01%
压力	50~200 kPa	≥0.1 kPa(数显)
温度	-10~65 ℃	≥0.1 ℃
湿度	40%~99%	≥0.1%

(2)生命支持系统的组成

载人潜水器生命支持系统主要包括供氧装置、二氧化碳吸收装置以及舱室内环境参数监测监控仪器仪表,除此之外,还包括紧急情况下使用的口鼻面罩式呼吸装置。

供氧装置一般包括两套,分别是正常开放式供氧装置和应急开放式供氧装置。这两套供氧装置在原理和结构上完全相同,分别对应正常工作生命支持时间和应急开放式工作生命支持时间。由于应急开放式工作生命支持时间要求更长,因此应急开放式供氧装置储存的氧气量要更多一些。二氧化碳吸收装置一般会配置两套,其中的二氧化碳吸收剂可以更换,以延长二氧化碳的吸收时间。在仪器仪表方面,耐压舱室内配置有氧气浓度、二氧化碳浓度、压力、温度、湿度监测仪表,其中氧气浓度和二氧化碳浓度监测仪表各有两套,互为备用。

如果耐压舱室内的环境气体受到污染,不适合开放式呼吸,则应该使用应急口鼻面罩式呼吸装置,该装置包括闭式供氧装置、呼吸循环装置、二氧化碳吸收和氧气浓度监测装置。

(3)生命支持系统的工作原理

生命支持系统最重要的功能是供应氧气和清除二氧化碳。供氧装置主要用于补充耐压舱内操作人员活动消耗的氧气,这些氧气一般是事先储存在高压氧气瓶中的,氧气瓶中的氧气压力通常是10~13 MPa。以"蛟龙"号潜水器为例,供氧装置的供氧原理如图6-5所示。

首先需要对气瓶中的氧气进行减压,使用减压阀(器)将氧气压力降至0.2 MPa左右;然后将低压氧气送至一个电磁组合阀(由常开电磁阀和常闭电磁阀组成),控制器根据氧气浓度传感器的检测信号和设定的氧浓度控制范围来操作电磁阀的开闭。当舱内氧气浓度低于要求值时,将常闭电磁阀打开,增大氧气流量;当氧气浓度高于要求值时,关闭常开电磁阀,从而达到自动调整舱室内氧气浓度的目的。流过电磁组合阀的氧气在进入耐压舱室之前需要先经过一个流量计,以便于能够实时掌握进入舱室的氧气量。为了操作使用的便利,在氧源阀的后面和减压阀的后面分别接有截止阀,用来控制高压和低压氧气的输出。这两个截止阀的后面分别接有两个氧气压力表,用于监测氧源压力和供氧压力。

耐压舱室内的二氧化碳通常使用消耗性吸收剂进行清除,常用的二氧化碳吸收剂包括碱石灰、超氧化钠(钾)和无水氢氧化锂等。其中,无水氢氧化锂在低温和潮湿条件下吸收性能相对稳定,且单位重量吸收率相对较高,在"蛟龙"号载人潜水器中得到了应用。无水氢氧化锂吸收二氧化碳的化学反应式是:

$$2LiOH+CO_2 = Li_2CO_3+H_2O+Q$$

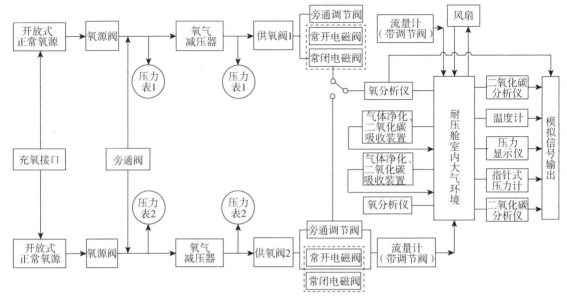

图 6-5 开放式供氧装置的供氧原理

氢氧化锂吸收二氧化碳的化学反应是一个放热过程,吸收 1 kg 二氧化碳释放的热量为 2 044.8 kJ。根据化学反应过程,1 kg 氢氧化锂能够吸收 0.919 kg 二氧化碳。由于氢氧化锂的反应效率不可能达到 100%,在实际应用中,一般取氢氧化锂的反应效率为 80%。

3) 载人潜水器的维护保养

（1）外部结构的检查与维护

将潜水器上外部浮力块和轻外壳全部拆下,按照框架结构站位进行分段检查,测量框架结构基本尺寸,检查是否有明显的变形;目测检查每一个设备支架焊接部位是否有裂纹存在,对应力集中部位用着色探伤方法检查是否存在裂纹;检查结构系统外部是否存在腐蚀;检查插拔销机构和止荡点结构的功能和紧固是否可靠;重点对载人舱周围结构进行检查,查看是否有变形和裂纹情况。

检查浮力块预埋件有无松动情况,对浮力块和轻外壳进行清洁。

根据检查结果对裂纹进行修补,对腐蚀部分根据情况进行去锈和防腐处理。

（2）密封面的检查与维护

按照舱口盖使用说明书的要求对舱口盖密封面进行检查,对舱口盖密封圈进行更换,对舱口盖启闭机构进行换油和密封检查,确保启闭机构耐压能力和操作性能。拆下观察窗进行密封面清洁,更换 O 形圈;对观察窗玻璃划痕进行评估,评定其是否适用于最大工作深度;对重新安装的观察窗进行打压密封检测。

对 POD 罐密封面进行全面的检查、清洁,更换密封圈。检查每一根水密电缆的表面,对电缆表面进行清洁,更换有异常的电缆。清洁、检查水密插接件的密封面,更换 O 形圈。

（3）舱内仪表设备的检查与维护

对舱内氧气浓度、二氧化碳浓度、压力、温度、湿度等传感器和各种压力表等进行计量,检查供氧系统的气密性,检查应急供氧系统功能是否正常,更换呼吸袋和呼吸面具。从充油设备中放出部分油品,对油质进行检查,检测是否存在海水的渗漏。对所有设备进行清洁,检查非钛合金设备腐蚀情况,更换防腐锌块。

（4）蓄电池维护

将锌银蓄电池全部放电存放,并且每两个月对锌银蓄电池全容量充电一次,观察记录每个单体电池情况;充电完成后存放一周,观察每个单体电池电压变化情况,再进行全容量放电一次,放完电后存放。

（5）系统通电检查

①观测设备:水下摄像机、照相机和水下灯,在水环境下通电,通电时间不少于 0.5 h。

②液压系统:检查系统内油的数量和油的质量,在水环境下启动液压系统运行不少于 0.5 h,液压系统的每一路均要进行动作。

③控制系统:系统通电运转一次,运转时间不少于 1 h,对系统传感器、数据传输过程进行检查。

④充油设备:对充油设备的油量进行一次全面检查,并要求放出部分油,对油质进行检查。

⑤声学系统:对每一个模块均进行通电运转,每次运转时间不少于 2 h。

⑥推进器:系统通电运转一次,最好在水环境下运转,每个推进器均要求运转。

6.2 海洋观测技术

6.2.1 海洋观测概述

1）基本概念

"观测"一词一般理解为观察并测量。全国科学技术名词审定委员会对海洋观测技术的定义是"观察和测量海洋各种要素所用的技术"。根据海洋探测和海洋观测各自的特点,可将海洋观测技术的定义归纳如下:海洋观测技术是指利用传感器及其支撑技术,对海洋环境各量在一段时间内的感知、分析;相对应地,海洋探测技术的定义则是利用传感器及其支撑技术,对海洋环境各量的感知、分析。海洋探测技术和海洋观测技术都是认识海洋的技术手段,但两者是有不同层次的,观测是一个时间序列里的一组"探测"。

2）海洋观测的作用

获得详尽的、充足的海洋观测数据,是一切海洋科学研究活动的前提。例如,对大洋环流的认识、对西太平洋黑潮的研究,第一步就是通过定点的观测、移动的观测获取大洋或西太平洋的相关数据,从而建立各种数学模型进行描述。此外,数学模型的正确性及对将来变化的预测,也需要通过观测数据进行验证。

海洋观测技术在海洋环境保护方面也发挥着重要作用。海洋生态环境研究与保护,首先需要获取关注海域的相关数据,这些数据不仅包括回溯过去很长一段时间的历史数据,还包括当前的数据。生态环境的保护,首先要有对海洋环境进行表述的相关物理、化学和生态上的一系列数据,时刻地观测数据的变化,在此基础上,制定相关的政策或法规,实现海洋生态环境的保护和修复。

海洋观测技术还可应用于国家安全保卫。观测中国海域移动目标,特别是海面以下的移动目标,对保卫国家领土完整十分重要。在国防领域,海洋观测技术要对我国约 18 000 km 长的大陆海岸线进行不间断的观测,观测对象包括海面以上和海面以下,以维护国家主权、保证国家安全。

3) 海洋观测技术的类别

海洋观测技术的分类主要可以从三个维度来考虑:观测形式、观测方法及观测区域。

（1）观测形式

海洋观测形式有固定式和移动式两种,可分别称为定点式海洋观测技术和移动式海洋观测技术。传感器挂在浮标上的观测是定点式观测;水下滑翔机携带传感器遨游于海上,则属于移动式观测。

（2）观测方法

按海洋观测方法的不同进行分类,海洋观测可分为间接观测与直接观测两种。间接观测通常是通过水面运载工具或潜水器,进行采样作业或离线观测作业,把样品或数据取回实验室,再进行分析处理,获得观测结果。直接观测则直面对象,通过传感器件,加之信号传输通道,在线实时获得海洋观测数据。

海底原位观测是间接观测技术的重要表现形式。把观测器放在海底观测对象附近,对观测对象进行不间断的观测与记录,同时把数据存放在自容式存储器中,间隔一段时间后取回实验室进行数据分析,获得过去一段时间内的观测结果。

海洋直接观测是把观测器直接放在观测对象的附近,研究人员在线实时获得观测数据。如利用遥控潜水器把水下摄像机带到观测对象旁边,将视频图像信号通过潜水器的光纤直接传到海面,可实现人类对海底各种科学现象的直接观测。

（3）观测区域

海洋观测区域可分为海面、水体、海底,即海洋观测技术可分为海面观测技术、海洋水体观测技术和海底观测技术。

对海面的观测,主要是开展海水与空气界面间关系的研究。这方面的工作,除了对海洋进行观测之外,还涉及海洋表面的大气部分,如海面气温、风向、风速的观测。从技术手段上来看,可采用海洋遥感技术。

对海洋水体的观测内容十分丰富,在物理上可对涌、浪、潮、流、温度、浊度、盐度等量进行观测与数据采集;在化学上和生物上可分别对海洋中的化学量和生物量进行观测,对 CO_2、pH 值、DO(溶解氧)、营养盐、叶绿素、重金属、蛋白质等含量进行观测与分析等。

对海底进行观测,除开展物理、化学和生物上的观测之外,还可对地形地貌进行观测、对海底某一现象进行观测,以及在地球物理方面进行观测,如地震波的观测等。

4) 海洋观测系统的组成

海洋观测主要可以通过海洋观测系统实现。海洋观测系统通常有三个组成部分:传感器、支持子系统和载体。

传感器是观测系统最重要的组成部分,用于海洋中各类信息的感知和获取,其内涵和作用显而易见。传感器主要分为物理类、化学类和生物类三种,根据不同的观测需求选用。如浊度仪是一种物理传感器,而叶绿素传感器是一种生物传感器。海洋观测系统通常是一组海洋观测传感器的集成。

海洋观测系统的支持子系统的功能主要是为传感器提供能源,并进行传感数据的存储、处理和传输。该子系统装在一个耐压腔体之中,通常包含接口模块、数据采集卡、数据处理与存储单元、高能电池、通信信道等部分。

在信号处理电路原理设计中,考虑到深海环境下电源能量的携带与提供比较困难,通常引进低功耗技术。化学观测支持子系统采用超低功耗 CPU 微处理芯片即 MSP430,将各类传感器测得的各种直流电压信号,经过前置放大及低通滤波处理,将输入的电压放大到与 AD 的参考电压匹配的范围。经过放大处理的输入信号经单片机自带的 8 路 12 位 AD 通道处理,将输入的模拟信号转换为数字信号,每次采样获得的传感器上的数据自动保存到 MSP430 的 AD 存储器中,通过软件的控制,在数据采集完毕后,将此数据以串行 SPI 的通信方式及时存储到数据存储区 DATA FLASH 中。经过采集处理过的数据可以通过 RS-232 串行接口输入计算机,以便进行进一步的分析研究工作。

有了传感器和观测支持子系统之后,还需要有载体技术,如潜水器,将传感器系统带入海洋,对海洋进行观测。观测形式、观测方法和观测区域不同,载体也不同。譬如海面固定式的直接观测任务,通常采用浮标来完成,传感器安装在浮标上,放置在关注海域,传感数据通过卫星通道,直接传输给使用者。如果是一定深度海水的间接观测任务,则可利用潜水器技术,如 AUV 技术,将传感器搭载在拖体或潜水器上面,潜入海洋中实施观测,回收潜水器后获得观测数据。若采用 ROV,就可以借助 ROV 的脐带缆传输数据,实现直接海洋观测。如果要完成海底长期在线的原位观测任务,则需要设置海底观测网络。

海洋观测技术还涉及其他技术,如需要水面船进行支撑,需要通过通信卫星实时传输数据,需要应用高压输电技术和海底光缆技术实现海底观测网络的建设,还需要各种海洋技术实现海洋观测系统的建设,包括载体的布放、回收、维护等。

6.2.2　天基海洋观测

随着航天和航空遥感技术的发展,航天和航空遥感技术逐渐应用于海洋观测,形成天基海洋环境遥感。天基海洋遥感具有观测范围广、重复周期短、时空分辨率高等特点,可以在较短时间内对全球海洋成像,可以观测船舶不易到达的海域,可以观测普通方法不宜测量或不可观测的参量。

1)海洋遥感的定义与基本原理

海洋遥感是指利用遥感技术动态监测海洋中各种现象与过程的方法。自然界中的物体都会对外发射电磁波,海水及海洋中的结构物同样如此。一方面,海水可以反射、散射、吸收太阳光或传感器发出的电磁波;另一方面,海水也对外发出电磁波辐射。由此,可以设计一些传感器,专门接收海洋来的电磁波辐射,将这些传感器安装在卫星、火箭、航天飞机、宇宙飞船等平台上,接收并记录这些电磁波辐射,经过传输、加工和数据处理后得到反映海洋状况的图像或数据资料。

按照探测波段与应用目的来分,海洋遥感可以分为可见光遥感、红外遥感与微波遥感。可见光遥感主要用于海洋水色环境探测,红外遥感主要用于探测海面水温分布,两者统称为光学遥感;微波遥感主要用于探测海洋动力环境。三种遥感方式的反演机理与模式各不相同。

2）海洋遥感的技术特点

海洋反射信号弱，现象间波普差异性较小。海洋遥感传感器接收到的总信号中，只有不到10%为有用的包含水色要素的信息。海洋对信号的反射作用较弱，在海洋遥感中，传感器接收到的信号中有90%以上是大气辐射传输过程中的干扰信号，因此在海洋遥感中，进行大气校正是定量化遥感参数反演的重要前提。

影响海洋要素遥感信息的因素众多。海洋作为一个动态有机整体，各种要素处于动态关联中，因此，反演海洋要素必然要充分考虑多种因素的影响作用。海洋要素随时受到不同因素的影响，遥感信息呈现很强的时态性。这使得在海洋要素遥感信息分析时，必须考虑探测周围环境中的主要影响因素。

海洋遥感的特性描述方法不同于陆地遥感。陆地地物因光谱差异明显，往往具有特定的"地物光谱"。而海洋表层性质较为均一，反射度和对比度都较小，难以发现不同海洋要素的特征光谱。海洋遥感通过反演其他参数，比如海水吸收系数、散射系数、衰减系数、相函数和单次散射反射比，反映海洋要素特征，我们称之为海洋要素的"地物谱"。

海洋遥感要求传感器有较高的时间分辨力。广阔的海洋是时刻处于运动中的水体，比如海洋动力环境要素中的海面风场、浪场、流场、潮汐及涡旋等，都是瞬息变化的要素。只有保持海洋观测很好的动态性，才能及时、准确地反映海洋要素的变化过程。

海洋遥感对传感器的光谱分辨率要求高。因为不同海洋要素光谱差异很小，故只有把传感器波段细化，才能使海洋要素得到很好的反映。

3）海洋遥感观测技术的应用

海洋遥感观测技术主要应用于调查和监测大洋环流、近岸海流、海冰、海洋表层流场、港湾水质、近岸工程、悬浮沙、浅滩地形、沿海表面叶绿素浓度等海洋水文、气象、生物、物理及海水动力、海洋污染、近岸工程等方面，具体应用领域如表6-3所示。

表6-3　海洋遥感观测技术的应用领域

技术类别	基本原理	应用领域
海洋水色遥感观测技术	利用可见光红外扫描辐射计接收海面发出的光谱辐射，经过大气校正，根据生物光学特性，获取海水中叶绿素浓度及悬浮物含量等海洋环境要素	海洋渔业活动； 海洋生态环境研究与监测； 河口海岸带悬浮泥沙含量及运动； 海洋碳循环与气候变化研究
海洋热红外/海面温度遥感技术	对天基传感器获取的原始数据进行海面温度反演，获取海面温度分布	厄尔尼诺-南方涛动研究； 海洋-大气相互作用研究； 基于温度的海洋渔场分布研究； 海洋污染物监测
微波高度计观测技术	天基脉冲发射器向海面发射雷达脉冲，灵敏接收器检测经海面反射的电磁波信号，由精确计时时钟测定间隔时间，可用于计算海面风、浪、流、潮汐等动力参数	海洋研究； 冰川研究； 海洋的大气水准面与重力异常研究

（续表）

技术类别	基本原理	应用领域
微波散射计/辐射计观测技术	微波散射计向有起伏的物体表面发射电磁波,测量从其表面反射或散射回来的接收功率;微波辐射计通过接收海水辐射的能量反演海面风速	台风与热带气旋研究; 二氧化碳气体交换研究; 海洋环境数值预报
星载合成孔径雷达观测技术	以发射无线电短脉冲获取距离向分辨率,利用散射信号的多普勒频移获取方位向分辨率,精确绘制飞行器一侧某海域内的雷达反射率	遥感海洋表面波; 遥感海洋内波; 遥感海洋波浪谱; 反演海底地形

6.2.3　海基海洋观测

1）固定浮标观测

固定浮标观测技术是一种常用的海洋观测方法,是在海面布置一个浮体,在这浮体上携带相关传感器,对海面或海面之下进行观测的观测方法。

海洋浮标是伴随着海洋科学的需要而发展起来的海洋观测技术。从严格意义上来讲,海洋浮标作为载体,搭载一组传感器被置于海上,通过传感器工作获得这一区域的海面及水下各种物理、化学参数,从而达到观测海洋海面及水下各种状态的目的。以海洋浮标为基础,可运用多种传感器对海洋环境进行长期、连续观测。由于固定浮标原理结构简单、制备容易、成本低、易于维护,因此其广泛用于海洋观测领域。

海洋观测浮标是一种现代化的海洋观测设施。它具有全天候、全天时稳定可靠地收集海洋环境资料的能力,并能实现数据的自动采集、自动标识和自动发送。海洋观测浮标与卫星一起构成一个完整的现代化海洋环境观测系统。正是由于它的这些能力和特点,每年都会有相当大数量的浮标被分散投放到世界各个海域观测全球海洋环境。

海洋观测浮标主要由浮标体加上观测系统组成。浮标体是海上仪器设备的载体,有圆盘形、圆球形、圆柱形等多种式样,其中直径 10 m 左右的圆盘形和长 6 m 左右的船形浮标比较普遍。浮标体上通常安装卫星通信系统、电源和系留设备等。电源一般采用太阳能技术来实现,少数浮标还采用了风能或波浪能技术。

2）海洋观测链

海洋观测浮标能观测一个点的数据,如果想观测一组垂直剖面的数据该如何实现呢? 在这个需求引导下,产生了海洋观测链技术。在海里垂直布置一个传感器阵列,比如每隔一定间距布置一个温度传感器构成温度链,或者是漂浮在海面抑或横在海底的一串传感器,不断地获得一个剖面上的相关海洋数据,这样的系统称为海洋观测链。要想获得一个剖面上的数据,海洋观测链是一种行之有效的解决方案。

海洋观测链一般有两种形式:一种是从海面自上而下地布置下去,通常连接一个海面浮标,由海面浮标提供电能,并把数据发送到卫星上去,这样的观测链可称为海面观测链;另一种是由锚系固在海底,自下而上地布置传感器,此时电池是布放在海底的。自下而上的观测链通常采取自容式方式存储一段时间内的观测数据,完成该海域的间接观测任务;完成工作后,可通过声学释放技术回收观测链,这样的观测链称为海底观测链。当然海底观测链的传感器阵也可以横放在海底,对海底一个区域进行某些现象的观测。

海底观测链可实现深达数千米的深海海底长期观测,支持如海底热液区、大洋中脊和其他重点海底观测区的长期科学观测,获取海洋环境、沉积物资料和各种海底地球物理场数据,实现间接海洋观测。

🔲 3)漂流浮标观测

在浮标观测的基础上,让浮标上下运动,带着传感器不断地在海面之下、海底之上运动,进行一个剖面上的海洋长期观测,这样就产生了漂流浮标观测方式。

通过调节浮力大小,浮标能够在海水中实现不停地上下运动,深度可达 2 000～3 000 m,携带的传感器不断地获得自上而下的一串串数据。当浮标运行到海面时,通过天线与通信卫星"握手"连接,把传感器信号发给卫星并传回陆地。漂流浮标的技术要点是如何改变浮标的浮力,使之不断做上下运动,并且需要满足两个要素:一是能够在海面或海中的某一深度上,自动地进行浮力调节;二是携带电能不可能很多,又要考虑漂流浮标能够尽可能长时间地在海中工作,必须应用低能耗的浮力调节技术。

最常用的浮力调节方式有两种:改变浮标的体积以调节排水量,从而达到改变浮力的目的;改变浮标的自身重量来调节浮力。对于漂流浮标而言,关键是要找到一种省电的浮力调节方法。

如果在某海域中布置一大批不停地做上下运动的漂流浮标,不断地获得大量的时间序列数据并将这些数据通过通信卫星传回陆地,就可获得特定海区中的一系列观测数据,这些漂流浮标就构成了一个观测网络。

🔲 4)基于潜水器的海洋观测

漂流浮标可解决垂直剖面上的海洋观测问题,但要进行水平剖面上的观测,通常就要依靠各种潜水器,这些潜水器实质上就是海洋观测的一种运载工具。将传感器放在这些潜水器上,让这些潜水器在海面下待观测区域完成规定动作,把数据传回(带回)来,完成海洋观测的任务。

ROV 可以通过与水面相连的脐带缆获得能源,一般动力比较充足,作业时间不受能源的限制,可搭载较多的传感器设备;信息的传递和交换快捷、方便、数据量大;操作者在水上操作和控制,工作和环境安全。ROV 的运行与控制等由水面功能强大的计算机、工作站和操作员,通过人机交互的方式来进行,人的介入使得许多复杂的控制问题变得简单,可以实现实时控制潜水器的运动状态,实时观察潜水器探测的目标信息和声呐视频图像;作业效率更高,应对环境能力更强。此外,ROV 没有电池舱,体积和重量均小于同级别的 AUV,技术要求和价格成本也相对较低。但其行动起来不够灵活,活动范围受到脐带缆的限制,在复杂的水下环境中容易造成缠绕事故。

AUV 是一种理想的观测平台,由于噪声辐射小,在进行海洋探测和观测时,对被观测对象干扰较小,可以贴近被观测对象,因而可以获取采用常规手段不能获取的高质量数据和图像。AUV 具有活动范围大、潜水深度大、不怕脐带缆缠绕、可进入复杂环境中、不需要庞大水面支持、占用甲板面积小等优点。正是由于以上种种优点使得其日益受到重视,其重要性在海洋观测各技术中凸显。

AUG 与 ROV 和 AUV 相比,更像是专门为海洋观测工作量身定制的。AUG 搭载各种传感器之后,可构成完整的海洋观测系统。而它的出现,为海洋观测科学技术的发展,提供了一款强大的推进器。

6.2.4 海底海洋观测

1)海底观测技术类别

海底观测技术根据不同需要分为三类:第一类是海底观测站,针对某一具体的目标,在一个非常小的区域里建立原位的观测系统,完成明确的观测任务;第二类是海底观测链,它在观测站的基础上,将数据通过某种通信方式传回岸基实验室或者停泊在海面上的科学考察船;第三类是海底观测网络。三类海底观测系统的比较如表 6-4 所示。

表 6-4 海底观测站、海底观测链和海底观测网络的比较

参数名称	海底观测站	海底观测链	海底观测网络
结构复杂度	简单	中等	复杂
通信方式	内部	声学+卫星或无线通信	光缆直接连接
可实现的任务	单一、明确	适中	综合
工作时间	视电池容量与储存器容量确定	视电池容量确定	长期
实时性	非实时	准实时	实时
观测设备数目	一般较少	中等	多
观测范畴	小	小	大
功能	单一	适中	强大
造价	低	中等	高
使用区域	深海、远海	深海、远海	一般适用于近海

2)海底观测网络的构成

海底观测网络是海底观测体系中功能齐全、观测时间长、技术含量高的一种海底观测手段,对于海洋科学研究、海底资源研究、自然灾害监测与预报、热液作用与极端生态系统的研究尤其重要。一个较完整的基于光纤通信的海底观测网络如图 6-6 所示。

由图 6-6 可看出,海底观测网络的构成是这样的:根据网络功能的需要,将一组不同功能的观测传感器通过观测设备插座模块接在接驳盒上构成一个观测系统。接驳盒实质上相当于网络的一个中枢,基本功能是中继和分配。它将从光纤骨干网传来的电能进行转换,然后通过观测设备插座模块分配给不同的测量仪器使用,同时将岸基站传来的信号发送给连接在其上的各测量仪器,并将各测量仪器采集的数据传给主干光纤送到岸基站。一个接驳盒加上若干个观测设备插座模块,再连接一批海底观测器(传感器),构成一个节点。根据实际需要,各个节点连接起来形成扩展的观测系统,然后通过光纤将各节点的接驳盒与骨干网连接起来,从而构成整

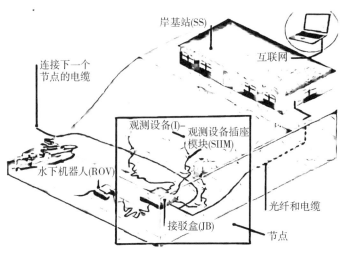

图 6-6　海底观测网络示意图

个海底观测系统。网络系统在陆地上设有岸基站,其功能主要是实现实时监控、电能和信号的输送、测量信号的分析与处理等;利用 ROV 甚至载人潜水器,实现光纤布网,完成各种海底仪器的投放、安装和维护作业。

海底观测网络是通过岸基进行高压供电,进行长距离电能和信息传输与转换,实现海底各种观测设备的灵活对接与自动接驳的海底观测系统。也就是说,海底观测网络利用光电复合缆,将布置在海底广域范围内的各类设备连接成一个局域网,并通过主干缆与陆基的电网、互联网接驳,实现对水下局域网的电能供给和实时信息交互。海底观测网络可以在海底进行电能和信号传输,并对海底实现长期实时观测。

3) 海底观测网络的发展趋势

随着海底观测网络技术的深入,海底观测网络与其他相关技术相结合,大大地推动了海底观测网络技术在以下几个方面的发展。

(1) 海洋立体观测网络:基于海底观测网络,通过增加垂直的观测链,把观测范畴延伸到水体的立体网络。有时,其结合海面的地波雷达系统或卫星遥感系统,构成范畴更广的立体观测网络。

(2) 海底移动观测网络:通过连接在海底观测网络上的 DOCK 系统,支撑多个水下自主式潜水器,为之供电、充电并及时传输数据。海底观测网络以及搭载在潜水器上的各类观测设备,构成一个更大范围的海底移动观测网络。

(3) 基于海底通信网络的海底观测网络技术:在茫茫大海之中布设着无数的海底通信网络;这些通信网络因信号的中继要求,有一大批中继器;可以将海里观测设备直接连接到中继器上,将信号通过海底通信网络传输回来,建立一个全海域的海底观测网络。然而,由于中继器能够提供的电能十分有限,因此只能开展一些有限的工作,比如开展全球碳循环方面的研究,以应对全球气候变化。

(4) 海底观测网络与其他各种系统的综合发展:海底观测网络与其他各种系统,如水下滑翔机组成的移动式观测网络、漂流浮标系统、将来的海底海洋观测系统以及水面上的其他各种观测系统,进行数据的综合,形成功能更为完善的观测系统,从而使人类对地球的观测更为全面、完整。

6.3　水下通信与导航技术

6.3.1　水下光纤通信

水下光纤通信是在水下利用光纤技术进行跨海通信,通常将包裹的光纤铺设在海底,形成海底光缆。海底光缆通信基本没有时间延迟,具有价格低、保真度高、频带宽、通信速度快等优点。但是由于海缆埋在海底,受到的压强较大,且海水具有腐蚀性,所以铺设维修困难且成本高。

光纤按传输模式分为单模光纤和多模光纤。单模光纤纤芯直径只有几微米,加包层和涂敷层后也只有几十微米到 120 μm,纤芯直径接近光波的波长。多模光纤纤芯直径为 50~100 μm,纤芯直径远远大于波长。多模光纤传输性能较差,频带较窄,传输容量也比较小,距离比较短。光纤根据折射率沿径向分布函数不同,又进一步分为多模阶跃光纤、单模阶跃光纤和多模梯度光纤等。

光纤抗拉强度一般大于或等于 100 kpsi(0.7 GN/m^2)。当传输距离过长时,需要用光纤连接器将各段光纤连接在一起,此时需要将发射光纤输出的光能量最大限度地耦合到接收光纤中。光纤连接器是光纤通信系统中各种装置连接必不可少的器件,也是使用量最大的光纤器件之一。

6.3.2　水下电磁波通信

电磁波在水中传播与在空气中传播不同。由于水的电导率和介电常数与空气的电导率和介电常数不同,因此其传播特性也不一样。电磁波从空气进入海水中时,衰减很快。波长越短,水的电导率越高,衰减越快。

由于上述这些特点,电磁波在水下的衰减非常严重,所以在陆地上应用广泛的电磁波在水下的有效通信距离非常短(约为厘米量级),只能用在一些特殊场合,如海底观测网络中观测器需贴近插座模块与之通信。电磁波的衰减还与波长有关,一般来说,长波(波长为 1~10 km,频率为 30~300 kHz)可穿透几米水深,甚长波(波长为 10~1 000 km,频率为 3~30 kHz)可穿透 10~20 m 水深,超长波(波长为 1 000~10 000 km,频率为 30~300 Hz)可穿透 100~200 m 水深。

电磁波中的超长波通信系统是目前各国常用的主要通信手段,它们都是将大型或特大型天线安装在陆地上,故称为岸对潜通信系统。虽然电磁波在水中衰减率较高,但受海水环境影响很小,所以水下电磁波通信比较稳定。水下甚低频和超低频单向通信适用于军用岸对潜通信。

6.3.3　水下无线光通信

水下无线光通信主要包括水下无线激光通信和水下无线 LED 通信。海水在波长为 450~550 nm 的波段内蓝绿光的衰减比其他光波段的衰减要小,所以,使用蓝绿激光进行水下通信引起了人们的重视。蓝绿激光通信的主要特点是:相对其他波长,蓝绿激光在水下衰减率低,穿透能力强,如波长为 498 nm 的蓝绿光,在 2 000 m 深的海水中,其透光程度平均可达 90%~95%;耗能少,蓝绿光波能量受大气层和海水损耗极小,可提高通信的准确性和可靠性;不易被侦察,因为潜艇不用上浮就能与地面通信,从而具有良好的灵活性和隐蔽性;激光通信具有高抗干扰能力、高保密性和高数据传输率。

1) 水下无线激光通信

水下激光通信主要由三大部分组成:发射装置、水下通信和接收装置。水下无线光学通信的机理是将待传送的信息经过编码器编码后,加载到调制器上,使之转变成随着信号变化的电流来驱动光源,即将电信号转变成光信号,然后将光束以平行光束的形式在信道中传输;接收端将传输过来的平行光束以点光源的形式聚集到光检测器上,由光检测器件将光信号转变成电信号,然后进行信号处理,最后由解码器解调出原来的信息。图6-7为水下激光通信示意图。

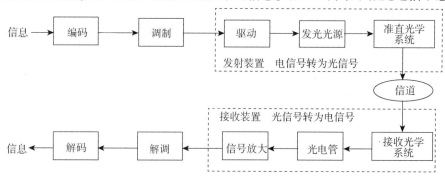

图6-7 水下激光通信示意图

水下激光通信的优点是:传输速率高;光波频率高,信息承载能力强;抗电磁干扰能力强;波束具有较好的方向性,需要用另一部接收机在视距内对准发射机才能拦截,但这样会造成通信链路中断,用户会及时发现,所以保密性高;收发设备尺寸小、质量小。但是海水是一个复杂的物理、化学、生物组合系统,光波在水下传输过程中容易受到海水对光波的吸收和散射的影响。由于海水本身、水中颗粒物、水中溶解物、浮游动植物对光的吸收作用,光波在水下传输时能量衰减,传输距离受限;另外,光波在水下传播的过程中,会因遇到粒子的散射而改变传播方向,导致光束发生横向扩展,单位面积上的光强减弱,信噪比降低。

正是因为海水的吸收和散射,以及激光光束具有极强的方向性,因此水下激光通信的缺点主要体现在两个方面:一是光束能量在海水中的衰减率高,通信距离一般限制在百米;二是瞄准困难,激光束有极高的方向性,这给发射点和接收点之间的瞄准带来不少困难。为保证发射点和接收点之间的瞄准,需要对设备的稳定性和精度提出很高的要求。

2) 水下无线 LED 通信

近年来,水下无线 LED 通信技术发展迅猛,利用 LED 灯高速点灭的发光响应特性,可将信号调制到 LED 可见光上,从而实现信息和指令的传输。

水下无线 LED 通信系统分为发射部分和接收部分。发射部分包括:LED 可见光发射系统及其驱动电路、信号输入和处理电路。接收部分包括:接收光学系统、光电探测器、信号处理和输出电路。目前,无线 LED 通信已经在实验室里实现高速的数据传输。无线 LED 通信有如下特点:

(1)不受外界电磁波干扰;

(2)具有一定的方向性,在其照射范围内才能通信,照射不到的地方没有信号,因此具有保

密性,并且安全性高;

(3)LED 灯发光效率高,能耗低,绿色环保,可靠性高;

(4)调制性能好,响应灵敏度高;

(5)无需无线电频谱认证;

(6)体积小,受温度影响小,易于安装,价格低。

在水下短距离通信中,LED 可以代替激光作为光源以减小体积和降低成本;而且 LED 发射角大,易于瞄准。然而,LED 大发射角也使得其发射方向性变差,能量发散,缩短了传输距离。

6.3.4　水声通信

水下无线通信有多种方法,最常用的是使用声波作为信息载体。在水下,声波的衰减率最低,所以水声通信是水下最普遍的无线通信方式。水声通信的应用范围除了军事领域外,还有民用领域,如水下资源勘探、海上科学考察、渔业资源的开发和利用、海上钻井平台的应急维护、水下机器人的控制等。水声通信具有通信距离长的优点,但也有一些缺点:

(1)水声信道传输速率低,延时长。声波在水中的传播速度约为 1 500 m/s,其数据传输率随着距离的增大而降低。

(2)水下声信号的传输质量易受到海水的温度、压力、盐度等环境因素的影响。

(3)误码率较高,可靠性低。

(4)水下声信号容易被窃听。

(5)可用带宽有限,功耗高,体积大。

1)水声通信的类型

水声通信属于非对称通信,包括上行通信和下行通信两种类型。

(1)上行通信:潜水器将探测数据、图像等传至水面船舶。海上作业或作战要求通信最好是实时的,而图像传输的数据量又很大,因此要求通信必须有高数据率。这就需要接收端有大水听器阵列,具备高速信号处理能力。

(2)下行通信:水面船舶将控制命令传给潜水器。

水声通信的质量一般用数据率和误码率来衡量。通常所说的保证水声通信的质量,是指在满足数据率需求的前提下,尽量降低传输的误码率。

2)水声信道的特性

从物理的角度来说,水声信号传播经过的路径就是水声信道,它包括水体、海面、海底。水声通信质量与其所处信道的物理特性直接相关。水声信道是一个十分复杂的多径传输信道,特性参数随着时-空-频的变化而随机变化,且环境噪声大、传输时延大、带宽窄,导致传输误码率高、数据率低。水声信道的特性主要有以下几点:

(1)信道带宽窄。水声信道带宽受限的主要机理是水声信号的吸收损失。声波的频率越高,在水下传播时海水吸收就越厉害,海水对频率低的声波吸收少。水声信道带宽受限的另一个原因是受水声换能器带宽的限制。低频段通信仍是目前较有使用前景的通信。

(2)环境噪声。海洋中有许多噪声源,包括海面波浪、潮汐、湍流、生物噪声、行船及工业噪声等。噪声性质与噪声源密切相关。环境噪声会使信号的信噪比降低,影响水声通信的性能。

不同声源有不同的带宽和噪声级,且随时间和空间变化,所以很难给出噪声的统计表达。

(3)多径效应。由于介质空间的非均匀性,当声波在不同的水层、海底和海面间传播时会造成多次反射和折射,在一定波束宽度内发出的声波可以沿几种不同路径到达接收点。多径效应造成码间干扰是影响水声通信的主要因素之一,抑制多径效应,使声波可靠地在水声通信系统中传输。

(4)起伏效应。介质在空间上分布不均匀,而且是随机时变的,导致声信号在传输过程中也是随机起伏的。

(5)时变效应。由于海水中内波、水团、湍流等的影响,水声信道会产生时变效应,且与通信系统的相对位置有关。这种时变效应严重影响了通信系统的性能。

(6)多普勒效应。这是由接收机与发射机之间的运动或水体流动(如浪的波动)引起的。

3)相干水声通信关键技术

相干水声通信关键技术主要有信道估计技术、均衡技术、单载波和多载波技术。

(1)信道估计技术。信道估计是描述物理信道对输入信号的影响而进行定性研究的过程,是信道对输入信号影响的一种数学表示。若信道是线性的,信道估计就是对系统冲击响应的估计。为了能在接收端准确地恢复发射端的发送信号,需要在接收信息时,对信道的参数进行估计。而能否获得详细的信道信息,从而在接收端正确地解调出发射信号,是衡量一个通信系统性能好坏的重要指标。因此,信道估计是实现相干水声通信的一项重要技术。信道估计按实现准则可分为正文匹配追踪算法、最小二乘估计、最小均方误差估计等。

(2)均衡技术。由于水声信道具有多样性和复杂性,在水声通信系统中采用均衡技术减小或消除信道对信号传输的负面影响是提高系统可靠性和有效性的必要途径。均衡是指对信道特性的均衡,即接收端的均衡器产生与信道特性相反的特性,用来减小或消除由信道的传播特性引起的信号畸变。在通信系统的接收端插入一种可调滤波器,使之能适应信道的变化,减小信道的影响,这种起补偿作用的滤波器称为信道均衡器。

(3)单载波和多载波技术。基本的传输技术可以分为单载波和多载波两类。

①在单载波技术中,需要在接收端采用均衡器去除码间干扰。若均衡采用时域滤波器,则该系统被称为单载波时域均衡系统;若在频域进行均衡,则该系统被称为单载波频域均衡系统。

②多载波一般指的是正交频分复用(OFDM)技术。OFDM信号频谱将两个可用频带分成多个正交子信道,将待传输的高速串行码流并行地调制到这些子信道载波上。在总的数据率不变的情况下,每个并行的子信道的符号周期都相对延长,可以有效地减小多径时延产生的时间弥散性对系统造成的影响。

6.3.5 水下导航技术

导航问题的核心是导航对象的定位问题。水下导航技术广泛应用于各种潜水器中,如自主式潜水器和遥控潜水器。

1)导航系统的分类

导航分为基于传感器的自主式导航和基于外部信号的非自主式导航。如果装在运载体上的设备可以单独地产生导航信息,则称为自主式导航系统;如果除了要有装在运载体上的导航设备外,还需要有设置在其他地方的一套或多套设备与其配合工作才能产生导航信息,则称为非自主式或他备式导航系统。自主式导航主要有惯性导航和天文导航;非自主式导航主要有无线电导航和卫星导航等。

2)水下声学导航

目前,潜水器采用的声学导航主要有三种形式:长基线导航、短基线导航和超短基线导航。这三种导航形式均需要外部换能器或换能器阵。换能器声源发出的脉冲被一个或多个设置在母船上的声学传感器接收,收到的脉冲信号经过处理和按预定的数学模型进行计算,就可以得到声源的位置。

三种导航形式的基本原理可参考本书第 5.1.3 节的内容。

3)惯性导航系统

惯性导航系统通过将加速度对时间进行两次积分获得潜水器的位置,自主性和隐蔽性好。这些优点对军用潜水器特别重要。

惯性导航系统中的陀螺仪用来形成一个导航坐标系,使加速度计的测量轴稳定在该坐标系中并给出航向和姿态角;加速度计用来测量运动体的加速度,经过对时间的一次积分得到速度,速度再经过对时间的一次积分即可得到距离。

目前惯性导航系统主要有两种形式:平台式和捷联式。它们的区别是:在平台式惯性导航系统中,陀螺仪和加速度计置于由陀螺稳定的平台上,该平台跟踪导航坐标系,以实现速度和位置解算;而在捷联式惯性导航系统中,陀螺仪和加速度计直接固定在载体上,所以体积小、结构简单、维护方便,容易实现导航与控制的一体化。基于体积、成本、能源等多方面的考虑,潜水器一般都采用捷联式。

惯性导航不受环境限制,使用场合包括海、陆、空;隐蔽性好,生存能力强;可产生多种信息,包括载体的三维位置、三维速度和航向姿态;数据更新率高、短期精度高和稳定性好。但是其也有一些缺点,如初始对准比较困难,特别是对由动态载体携带发射的潜水器的导航难度更高,设备价格高昂。

惯性导航方法最主要的问题是随着潜水器航行时间的延长,其误差也不断增大。若 AUV 周期性地浮出水面,并采用无线电导航系统或 GPS 对其位置进行修正,潜水器的导航精度将会得到很大的提高。

4)其他导航方法

其他导航方法主要有航位推算法、地球物理导航和组合导航。

(1)航位推算法。航位推算法是最常用且应用最早的导航方法,它将潜水器的速度对时间进行积分获得潜水器的位置。这种方法需要一个水速传感器测量潜水器的速度,再用一个罗经测量潜水器的方向。对于靠近海底航行的潜水器,可以采用多普勒速度声呐(DVS)测量潜水器相对于大地的速度,从而消除海流对潜水器定位的影响。航位推算导航有两个优点:一是可随时定位,不像无线电导航、卫星导航等系统因在水下收不到信号而不能定位;二是能够给出载体现在和将来的位置。它的缺点和惯性导航方法一样,即误差随着潜水器航行时间的延长而不断增大。

（2）地球物理导航。地球物理导航是将潜水器的传感器测量数据和已知的环境数据进行比较,得出潜水器的位置参数。地形辅助导航系统采用的地球物理参数包括地磁、重力场等相关参数。

①基于地磁的导航。磁场强度会随着纬度以及周围人工或自然的物体的变化而变化,每天也会因时间的不同而有微小的变化。由卫星或水面船舶生成的磁场测绘图在考虑了每天的磁场变化和深度变化后,就可以为潜水器进行导航。

②基于重力场的导航。地球重力场不是均匀分布的,而是存在一个变化的拓扑。这些变化是由许多因素引起的,主要是由当地拓扑和密度不均匀造成的。进行重力场导航时,导航系统中存在重力分布图,再利用重力敏感仪器测量重力场特性来搜索期望的路线,从而到达目的地。

（3）组合导航。成本低、组合式及具有多用途和能实现全球导航的组合导航将是潜水器未来导航技术的发展方向,如长基线导航系统与惯性导航系统的组合、陀螺罗经与惯性导航系统的组合等。将多种导航技术适当地组合起来,可以取长补短,大大提高导航精度,降低导航系统的成本和技术难度。此外,组合导航还能提高导航系统的可靠性和容错性。

6.4　深海采矿技术

浩瀚的大洋底部蕴藏着丰富的矿产资源,其种类多、储量大、品位高,具有巨大的开发利用价值和广阔的市场前景,世界各国都在加快深海矿产资源开发装备的研制。深海矿产资源的开发与利用是目前深海工程重要的研究课题。

6.4.1　深海采矿技术简介

深海矿产资源开发研究始于20世纪50年代末,美国、日本、欧洲等国家和地区主要针对深海多金属结核,研究各自的勘探与商业开采方案,同时兼顾富钴结壳、多金属硫化物的开采技术研究。20世纪八九十年代,韩国、印度、中国也相继加入深海矿产资源开发队伍,探索系统方案和商业化开采方案。近年来,世界各国纷纷开展单体和综合海试,深海矿产资源开发技术装备取得显著进展。

尽管海底矿产储量巨大、品位高,然而开采难度非常大:海底地形复杂、压力极高、无光照,同时存在海风、波浪、洋流等复杂海洋环境条件和海洋环境腐蚀现象,对深海开发装备提出了极高的要求;而且,在开采过程中需要多系统协同控制和联合作业,难度系数较大。此外,还需要深入评估海底矿产资源开发对环境的影响,提出环保方案。目前,深海矿产资源在世界范围内尚未形成商业化开采。

面对我国经济快速发展过程中对矿产资源的需求以及建设海洋强国的战略需求,勘探和开发深海矿产资源迫在眉睫。我国在20世纪80年代末启动了深海矿产资源开发技术装备研究,聚焦管道提升式深海矿产资源开发系统,开展技术攻关和装备研发,初步形成深海多金属结核开采系统的设计和装备研发能力,同时兼顾富钴结壳、多金属硫化物开采技术装备的研发。

尽管我国已经完成一系列海上试验,但系统设计和研发能力、协同作业技术、关键技术装备研制等与发达国家仍存在一定差距。一方面,我国尚未开展系统联合海试,关键技术尚未获得有效验证,核心装备研制能力、相关系统稳定性和可靠性亟待提高,实现海底矿区规模化开采仍然存在较大困难;另一方面,我国水下关键元器件、水下传感器、专用材料等研究仍然存在短板,大部分产品依赖进口。

综合来看,深海矿产资源开发技术是目前深海开发领域的重要研究课题。美国、日本、欧洲等国家和地区已经掌握深海矿产资源开发的关键技术和核心装备的制造能力,一旦解决海底环保问题,便可择机开展商业化开采。目前我国还处于深海矿产资源开发技术的起步阶段,亟须开展示范工程建设,大力发展关键技术及装备,加快规模化试采和商业化开采进程,以期在国际海底矿产资源开发中获得有利地位。

6.4.2　深海采矿系统组成

1) 深海采矿重载作业装备

深海矿产资源开发的重载作业装备主要包括:矿石采掘装备、矿石破碎装备、矿石收集装备三大类。

矿石采掘装备是海底矿床开采的核心装备之一,主要用于将矿床剥离基岩或沉积物,兼具切割和掘进的功能。不同矿床种类的采掘装备也不相同:多金属结核一般存于平坦海底,与海底沉积物共存,多采用水力式采掘方式,通过高压水流在结核周围的负压抽吸完成矿石采掘;富钴结壳生长在基岩表面,一般采用螺旋滚筒采掘装置将其与基岩剥离;多金属硫化物存于海底热液区附近,采掘装备兼具切削和掘进功能,一般采用辅助切割机或多功能一体化采掘装备进行开采。

矿石破碎装备用于大块矿石的海底破碎与分解。在海底采矿过程中,往往存在因颗粒过大或需要与基岩剥离而必须破碎矿石的情况,因此多用机械力破碎矿石以便收集。通常,富钴结壳和多金属硫化物的开采需采用螺旋滚筒式切削或冲击钻破碎;多金属结核的开采无需切削设备,大块矿石可用破碎机或磨矿机对矿石进行破碎。

2018 年,我国自主研制的"鲲龙 500"采矿车在中国南海完成了 500 m 水深的海上试验,验证了其针对多金属结核的海底矿物水力自适应采集功能。2019 年,我国采用深海富钴结壳规模采样装置,在南海实施了两次富钴结壳矿石的采集作业,应用基于微地形自动适应的切削破碎收集一体化装置,根据结壳和基岩的物理特性差异来自动判断切削厚度,采用水力方式收集破碎后的钴结壳碎块并将其输送到物料仓。破碎的小块矿石通过矿石收集装备进入集矿箱或顺着输送管道转运至海面。

此外,深海采矿重载作业装备还需配备水下导航定位系统,支持完成装备在海底的作业。哈尔滨工程大学、中国科学院声学研究所、中国船舶集团有限公司第七一五研究所等多家单位在声学定位技术领域进行了广泛研究。2004 年,我国成功研制出第一套基于差分全球定位系统的水下定位导航系统;在国家"十五"时期,我国成功研制出了"长程超短基线定位系统";在国家高技术研究发展计划(简称 863 计划)重点项目的支持下,我国成功研制出了深海高精度水下综合定位系统,并于 2018 年在"鲲龙 500" 500 m 水深采矿海试中定位精度达到 0.72 m。

2) 矿石输送装备

矿石输送装备主要用于将在海底采集和破碎后的矿石输送至海面,包括:提升泵管装备、水下中继装备、升沉补偿装置。

（1）提升泵管装备用于将矿石与海水形成的混合物以一定的速度和浓度从开采装备输送至海面。深海采矿应用环境要求泵管装备能够克服波浪和海流等复杂海洋环境的不利影响，并具有耐压、耐腐蚀、耐磨损、允许大粒径颗粒通过、防堵塞、防卡滞等特点。

（2）水下中继装备用于将开采装备采集获得的矿浆转换为均匀矿浆并将其输送到提升泵管中，兼具一定的辅助控制管道姿态、监测海底作业环境的功能。我国针对深海采矿水下中继装备的研究仍处于设计和试验阶段，"十三五"时期，中国船舶集团有限公司第七〇二研究所率先研制出了用于海试的水下中继站系统，进一步提高了我国深海采矿矿石输送系统的自主设计能力。

（3）升沉补偿装置是水面支持船与提升泵管装备之间的重要连接部件，用于抑制水面支持船在波浪中运动导致的提升泵管装备运动。现有的深海采矿船升沉补偿系统较多借鉴和采用了深海油气钻探升沉补偿系统方面的技术。上海振华重工（集团）股份有限公司、中国石油大学、宝鸡石油机械有限责任公司、中国船舶集团有限公司第七〇四研究所等对升沉补偿技术进行初步研究并取得一定成果。2017年，宝鸡石油机械有限责任公司研制出了天车型钻柱升沉补偿装置样机，其性能指标、安全措施等达到了国际同类产品的技术水平，提高了我国深水关键装备的自主配套能力。

🔹 3）水面支持装备

深海矿产资源开发装备的水面支持装备主要包括：水面支持平台、协同控制系统、矿石预分选装备、矿物存储外输装备、布放回收装备。

（1）水面支持平台是深海矿产资源开发活动的水面中心，包括：系统的总体协同控制、动力供给、矿石预处理、矿石存储和外输，同时承担水下装备的布放和回收任务。水面支持平台早期以旧船改造为主，将性能相近的货船、钻井船等根据深海采矿活动需求进行升级改造，执行海上试验和作业任务。

（2）协同控制系统布置在水面支持船上，既有对单台设备进行独立的作业控制，又有实现多台设备联合作业的智能协同控制，保证包括布放回收、采矿作业、矿浆处理外输等环节在内的整个过程顺利开展。国内在单设备控制方面，针对采矿装备作业控制、布放回收过程控制的研究逐步展开，对矿浆预分选、外输等过程控制的研究还较少；在深海采矿协同控制系统方面的研究还处于起步阶段，尚未开展海上联调试验，稳定性和可靠性需进一步验证。

（3）矿石预分选装备用于将从海里采集到的矿水混合物进行脱水处理，保证矿石达到转运的含水量标准并尽量减少矿物损失。矿石预分选装备还需要将经过多级处理后的海水经由提升系统泵重新打入海底，减少对生态环境的破坏。国内深海采矿所使用的预分选装备的研究工作尚处于起步阶段。采矿船上的矿石预分选装备主要采用重力式脱水。

（4）矿物存储外输装备用于将脱水处理后的矿物在采矿船货舱内短暂存储并完成向矿物运输船的转运工作。国内有关深海采矿用存储外输装备的研究工作尚处于起步阶段，尚无深海采矿船专用的存储外输装备，但可借鉴在陆地、自卸式散货船上使用的类似设备。

（5）布放回收装备用于将海底作业装备、中继装备等布放到海中指定位置，在作业结束后将其安全回收到母船上，承载能力和运行可靠性是关键技术指标。

6.4.3　深海采矿关键技术

1) 系统总体设计技术

系统总体设计即深海矿产资源开发装备系统的顶层设计,包括:系统设计和研发、总体动力学特性分析、布放与回收过程动力学响应分析等。系统设计和研发即根据深海矿产资源开发的生产能力要求,设计深海矿产资源开发装备,包括:水面支持平台、水下输送系统、海底重载作业装备、整体联动控制系统、电力系统。这些装备要在实现基本功能的基础上,尽可能减小工程作业对海洋生态的影响。

总体系统设计完成后,应校核系统的动力学性能,保证作业过程的安全性,包括:总体系统水动力学特性、水面支持平台与管道连接处结构动力学特性、升沉补偿系统运动特性、泵-管-中继站系统结构应力响应的疲劳特性、采矿车-地面相互作用力学特性等。采矿车的布放、回收过程一般在温和的海洋环境条件下进行。一方面,需要根据水面支持平台的能力、月池的尺寸和采矿车的尺寸及重量等,详细设计布放、回收方案;另一方面,需要对布放、回收过程中采矿车的运动、缆绳的张力进行动力学分析。此外,当布放水深为数千米量级时,应考虑布放、回收过程中存在的应力波对布放回收系统中缆绳受力突增的影响。

2) 海底重载作业装备感知与控制技术

海底重载作业装备是深海采矿的直接作业单元、深海矿石开采的"前线"。根据基本功能要求,海底重载作业装备应具备:环境感知系统、控制系统、执行系统。

环境感知系统是采矿车的"眼睛",对采矿车周围环境、矿石分布形式进行初步判断;控制系统是作业装备的"大脑",控制采矿车的行走、转向、爬坡等动作,同时控制矿石的采集作业;执行系统用于执行采矿动作,包括行进装置和采集装置。环境感知系统的主要功能是克服海底高噪声、高扬尘、多颗粒散射的困难,实现对海底工作区域环境的实时感知和测量,为采矿车行进、矿石开采提供基础条件。

从感知内容看,海底环境感知主要包括海底地形、矿石分布;从测试尺度看,环境感知包括整体环境粗略测量、局部精确测量;从实现手段看,环境感知可以通过光学、声学成像技术实现。控制系统根据感知结果,实时控制作业装备的行走和采集,并保持与输送装备、水面支持装备的实时通信和联合动作。控制系统需要实现海底装备的实时控制和智能化控制,其中智能化内容包括自动路径规划、自动越障避障、智能化控制算法等。

3) 长距离矿石输送流动保障技术

与海洋油气开采相比,深海矿石长距离输送管道内部存在着大尺寸、较高浓度的固体矿石颗粒,在输送过程中颗粒对泵叶轮的冲击和磨蚀明显增强,泵管系统内发生堵塞的可能性比较大。针对系统停止、重启等瞬时状态及部分关键部件(如提升泵、给料机等),分析停止工作状态时的泵管系统内固液两相流的发展状态,并提出合理的解决方案。

4) 系统运维与预警技术

在深海矿产资源开发作业过程中,需要对各装备的工作状态开展实时监测;针对矿床开采装备、泵管提升装备等,监测其位置、姿态和工作状态;针对矿浆输送过程,监测其输送速度及浓度水平;针对矿石预分选、矿石存储外输等流程,监测并调节实时作业状态,保证采矿作业的正常有序进行。深海矿产资源开发作业过程中的另一项关键技术是系统的力学响应实时监测与预警。在作业过程中,需对深海采矿整体系统的运动、应力、应变、结构安全进行监测;结合深水结构的动力学特征,对管系损伤和疲劳状态进行预警;针对突发海况、地形变化、生物干扰等紧急情况做出及时响应并预警,从而以最快的速度规避风险,确保整个作业装备的安全。

5) 环境监测与评估技术

深海矿产资源开发过程中的环境保护问题不容忽视,包括对海底生态系统的影响、羽状流扩散等。针对海底生态系统,研发生物生态的长期监测技术与装备,探究海底生物群落的演变特征,建立海底生物数据库。针对海底扰动及尾矿排放形成的羽状流,研发大尺度、高分辨率的羽状流监测技术装备,对羽状流的扩散和再沉积过程进行实时监测与跟踪。

海底环境影响评估是深海矿产资源开发环境安全的另一个亟待解决的关键问题。针对开采作业可能引起的生态系统影响和羽状流,可以通过现场观测、数值模拟、模型试验、海试等手段进行环境影响评估,最终实现绿色环保型的深海矿产资源开采。

6) 深海采矿重载作业技术

针对深海矿床,采用安全、稳定、高效、绿色的开发理念,研发深海采矿重载作业技术。聚焦绿色开采、稳健行进、智能控制、环境感知,发展针对多种矿床的自适应、高效、绿色采集技术;研发复杂海底环境下重载作业装备的稳定行进技术。重点开展重型装备精准控制技术和低照度、高扬尘的海底环境实时感知技术的研究,实现海底作业智能化和无人化。

7) 矿石输送技术

针对深海矿石超长距离管道的输送问题,聚焦作业安全性、输送效率、环境保护,研发大流量、无堵塞、高效率、轻量化的提升泵管装备,突破长距离多相流提升泵管管道的输送流动保障技术、多重复杂激励条件下系统动力响应预报分析技术。针对商业化开采需求,开发海上长期运维、监测、调控技术,适应极端恶劣海况的海上快速解脱和对接技术。

8) 水面支持技术

针对深海矿产资源开发装备体系,以安全、稳定作业为基础,以无人化、信息化、智能化为目标,实现系统全生命周期内的协同控制、定位导航、监测预警、布放回收。需重点发展的关键技术包括:全系统智能化协同控制技术、超深水高精度组合导航定位及数据融合处理技术、全系统长期实时监测与即时预警技术、复杂海况下重载装备布放与回收技术、多浮体耦合响应与精准外输技术。

参考文献

[1] 陈鹰. 海洋技术基础[M]. 北京:海洋出版社,2018.

[2] 陈鹰,黄豪彩,瞿逢重,等. 海洋技术教程[M]. 2版. 杭州:浙江大学出版社,2018.

[3] 董胜,孔令双. 海洋工程环境概论[M]. 青岛:中国海洋大学出版社,2005.

[4] 王懿. 水下生产系统及工程[M]. 青岛:中国石油大学出版社,2017.

[5] 方学智. 船舶与海洋工程概论[M]. 北京:清华大学出版社,2013.

[6] 马延德. 海洋工程装备[M]. 北京:清华大学出版社,2013.

[7] 李允武. 海洋能源开发[M]. 北京:海洋出版社,2008.

[8] 查克拉巴蒂. 海洋工程手册[M].《海洋工程手册》翻译组,译. 北京:石油工业出版社,2012.

[9] 苟鹏. 序列协同优化方法在深海空间站结构系统设计中的应用[D]. 上海:上海交通大学,2009.

[10] 杨建民,刘磊,吕海宁,等. 我国深海矿产资源开发装备研发现状与展望[J]. 中国工程科学, 2020,22(6):1-9.

[11] 崔维成,郭威,王芳,等. 潜水器技术与应用[M]. 上海:上海科学技术出版社,2018.